Formulación de raciones para ganado de carne a pastoreo

Métodos, Modelos y Aplicaciones

Claudio Soto

Doctor en Medicina y Tecnología Veterinaria

Consultor en Nutrición Animal

Artigas, Uruguay

Valeria Reinoso

Doctora en Medicina y Tecnología Veterinaria

Consultora en Producción Animal

Carmelo, Uruguay

CONTENIDO

Capítulo 1

INTRODUCCION

1.1 Definiciones y conceptos.

Un **pienso o suplemento** es un alimento único (ej. maíz) o compuesto (ej. melaza + urea) destinado a complementar una dieta base (ej. pastura) mientras que una **dieta o ración** es la cantidad total de alimentos que consume un animal diariamente (ej. pastura + suplemento). Se entiende por **ración balanceada** a aquella que por sí sola cubre todos los requerimientos nutricionales del animal.

La **formulación de un suplemento** implica la mezcla de dos o mas ingredientes de manera de obtener un alimento compuesto que posea determinada concentración y/o relación entre los nutrientes y/o ingredientes (ej. sal mineral con 8% de fósforo y relación calcio:fósforo 2 a 1). En cambio la **formulación de una dieta** consiste en determinar una combinación de alimentos y sus cantidades de manera que cubran la totalidad de los requerimientos nutricionales sin superar el límite máximo de la capacidad de ingestión del animal.

1.2 Métodos para formular raciones.

Los métodos para formular raciones y piensos son procedimientos matemáticos que permiten calcular una mezcla apropiada de ingredientes de manera de obtener un producto con determinadas características nutricionales.

Existe una gran diversidad de métodos, desde procedimientos simples para casos relativamente sencillos (ej. cuadrado de Pearson, sistema de ecuaciones, prueba y error, método de sustitución, etc.) hasta métodos matemáticos complejos (ej. Programación Lineal, Estocástica, Multicriterio, No Lineal, Genética, etc.) siendo actualmente la **Programación Lineal (PL)** el método mas utilizado. Recientemente se han comenzado a aplicar la **Programación Entera Binaria**, la **Programación Lineal Difusa** y la **Programación Multicriterio** a la formulación de raciones y piensos con resultados muy promisorios. Las ventajas y desventajas de los diferentes métodos para formular raciones y piensos han sido recientemente revisados por Rahman y col. (2010).

La formulación de raciones con PL tiene la particularidad que no solo permite formular una dieta adecuada nutricionalmente si no que además garantiza que la ración sea lo más económicamente posible, de ahí su gran atractivo como método para formular raciones. Además, tiene la gran ventaja que como subproducto de la solución brinda una gran cantidad de información de importancia económica, como por ejemplo el precio que deberían alcanzar los alimentos que no entraron en la solución para tornarse económicamente competitivos, cuanto cambia el costo de la ración por aumento o disminución en los requerimientos de un determinado nutriente, el rango de variación permitido en los precios, en los requerimientos de los animales y en el aporte de nutrientes de los alimentos sin que cambie la solución actual, etc.

Este texto está enteramente dedicado a la **formulación de piensos con métodos lineales** comenzando con un pormenorizado análisis de la **Programación Lineal** porque además de ser el método más empleado para formular raciones y piensos es la base de los demás métodos presentados a lo largo del texto (Programación Entera Binaria, Programación por Metas, etc.).

1.3 Mezclas sencillas vs. Fórmulas complejas.

Una regla general que se debe recordar es que es posible cubrir los requerimientos nutricionales del ganado con formulas sencillas y que las formulas complejas compuestas por una gran variedad de alimentos no necesariamente promueven una mayor performance animal y en muchos casos lo único que logran es encarecer innecesariamente el costo de la ración. Por ejemplo, en una ración que aporta adecuada cantidad de proteína degradable en rumen es innecesario y en muchos casos contraproducente el agregado de urea o de cualquier otra forma de nitrógeno no proteico (NNP).

Las mezclas relativamente complejas pueden estar justificadas en ciertos casos, entre los cuales se incluyen:

- Cuando se balancea una gran cantidad de nutrientes, lo cual puede ser imposible de lograr con unos pocos ingredientes, por ejemplo la formulación de un suplemento mineral considerando los requerimientos de todos los macros y microminerales.
- Cuando los alimentos se complementan entre sí, por ejemplo mezcla de granos de cereales (maíz, sorgo, etc.) con concentrados ricos en fibra de alta degradabilidad (cascarilla de soja, pulpa de citrus, etc.) para mejorar la utilización de la fibra de la dieta y reducir el riesgo de trastornos digestivos sin afectar el contenido de energía de la dieta.
- Cuando permiten bajar el costo de la ración, por ejemplo sustituir parte de la proteína verdadera por NNP.
- Para mejorar la palatabilidad del suplemento o diluir alimentos poco palatables, ej. agregado de melaza deshidratada, saborizantes sintéticos, sal común, etc.

- Cuando se poseen formulas rígidas en cuanto a ingredientes y proporciones, al poseer una gran cantidad de ingredientes se reduce el riesgo de obtener mezclas con deficiencias en algún nutriente debido a la variabilidad en la composición de las partidas de los ingredientes.

A nivel comercial, al variar la disponibilidad y el precio de los ingredientes en el mercado, se suele considerar una gran variedad de alimentos al momento de formular un suplemento, pero no necesariamente todos los alimentos considerados integrarán al mismo tiempo el suplemento. Por este motivo es frecuente encontrar en las etiquetas de las partidas comerciales descripciones tales como: maíz y/o sorgo y/o avena, harina de soja y/o expeller de girasol y/o harina de semilla de algodón, fosfato bicálcico y/o fosfato monocálcico y/o fosfato monosódico, etc.

1.4 Significado de algunos análisis bromatológicos.

Conocer el valor nutricional de los alimentos es un factor esencial para poder formular raciones y piensos, para esto se debe contar con la información analítica obtenida en el laboratorio o en su defecto obtener la composición probable de los alimentos a partir de tablas (ej. INIA, INTA, FEDNA, NRC, AFRC, INRA, CNCPS, etc.).

Los valores de tablas deben usarse solo como guía pues constituyen simples promedios de un determinado número de muestras, debido a la variación en la composición de los alimentos las muestras individuales pueden diferir sustancialmente en su composición con el valor que figura en las tablas. Siempre que sea posible se debería contar con el análisis de laboratorio de los alimentos disponibles o emplear tablas de composición de alimentos de origen local.

✓ **Materia Seca (MS)**: es el residuo que queda luego de secar la muestra hasta peso constante (eliminación total del agua). La MS es la suma de la **Materia Orgánica (MO)** (carbohidratos, proteínas, lípidos y vitaminas) y de la **Materia Inorgánica** (minerales) del alimento. Al ser el contenido de agua de los alimentos muy variable, normalmente se expresa la concentración de los diferentes nutrientes en base seca, lo cual reduce sensiblemente la variación individual en la composición de los alimentos.

✓ **Humedad**: representa el contenido de agua del alimento, se calcula por diferencia, %Humedad = 100 - %MS.

✓ **Cenizas**: es el residuo que queda luego de incinerar completamente la muestra. Las cenizas representan la cantidad total de minerales del alimento (**Materia**

Inorgánica), poseen poco valor práctico en la formulación de raciones, excepto en aquellos casos en que su valor es anormalmente alto, lo cual puede indicar contaminación de la muestra con barro o dilución del alimento con sustancias tales como arena, sal, piedra caliza, etc.

✓ **Cenizas insolubles en ácido**: es aquella fracción de las cenizas que no se disuelve en ácido clorhídrico y representa fundamentalmente el contenido de sílice del alimento. El sílice puede provenir de dos fuentes: la contenida naturalmente en el alimento (ej. la cascara de arroz posee elevado contenido en sílice) y la proveniente de la contaminación con suelo y polvo. Niveles elevados de cenizas insolubles en ácido pueden indicar contaminación con tierra o adulteración del alimento con arena. Los alimentos que poseen naturalmente alto contenido en sílice suelen ser muy abrasivos y de muy baja digestibilidad.

✓ **Proteína Bruta (PB)**: es un estimador indirecto del contenido de proteína de la muestra, estrictamente expresa el contenido de nitrógeno del alimento multiplicado por el factor 6.25 ya que en promedio se asume que las proteínas poseen 16% de nitrógeno. La PB representa los compuestos nitrogenados totales del alimento y engloba tanto a las proteínas verdaderas (cadenas de aminoácidos unidos por enlaces peptídicos) como a los compuestos nitrogenados que no son proteína verdadera (**NNP: Nitrógeno No Proteico**), por esta razón fuentes de NNP como la urea que contiene 46% de nitrógeno posee un equivalente proteico de aproximadamente 287% de PB.

✓ **Proteína Degradable en Rumen (PDR)**: representa la porción de la PB que se degrada en rumen, es la porción de la PB que sirve de fuente de nitrógeno para los microorganismos del rumen. Una parte variable de la proteína verdadera se degrada en rumen mientras que la totalidad del NNP se considera completamente degradable en rumen.

✓ **Proteína No Degradable en Rumen (PNDR)**: representa la porción de la PB que no se degrada en el rumen, conjuntamente con la proteína microbiana sintetizada en el rumen sirven como fuente de aminoácidos para el rumiante, se estima por diferencia, %PNDR = 100 - %PDR.

✓ **Extracto Etéreo (EE)**: es la fracción del alimento que es extraída con éter y está constituida principalmente por lípidos (grasas y aceites) aunque puede incluir cantidades variables de otros compuestos solubles en éter como ceras, pigmentos, ácidos orgánicos, alcoholes, etc. Los lípidos son utilizados como fuente de energía por el rumiante pero no por los microorganismos del rumen ya que éstos son incapaces de fermentarlos, un exceso de lípidos en la dieta puede reducir la actividad microbiana por toxicidad para la flora bacteriana ruminal. Las grasas protegidas o inertes en rumen evitan en gran medida este problema.

✓ **Fibra Neutro Detergente (NDF):** es la fracción del alimento que es insoluble en detergente neutro y representa a la fibra, la cual está compuesta fundamentalmente por celulosa, hemicelulosa y lignina. La fibra es la porción de los carbohidratos de lenta e incompleta degradación, por lo cual se relaciona estrechamente con el llenado ruminal y en consecuencia se correlaciona negativamente con el consumo voluntario de alimentos.

✓ **Fibra Acido Detergente (ADF):** es la fracción del alimento que es insoluble en detergente ácido y representa la porción menos digestible de la fibra, está compuesta fundamentalmente por celulosa y lignina. El contenido de ADF se correlaciona negativamente con la digestibilidad (contenido energético) del alimento.

✓ **Carbohidratos No Fibrosos (NFC):** representan a los carbohidratos fácilmente fermentecibles en rumen y fácilmente digestibles en el intestino delgado, están compuestos fundamentalmente por almidón, azúcares y pectinas. Se estiman por diferencia, %NFC = 100 − (%NDF + %PB + %EE + %Cenizas).

✓ **Fibra Bruta (FB)**: es un estimador impreciso del contenido de fibra del alimento, es el residuo orgánico que queda luego de tratar el alimento con un ácido y un álcali y está compuesto por cantidades variables de celulosa, hemicelulosa y lignina.

✓ **Nitrógeno Insoluble en Detergente Acido (ADIN)**: representa la fracción del nitrógeno que está ligada a la fibra ácido detergente (ADF), es una medida del daño de la proteína del alimento producida por calentamiento (reacción de Maillard), se considera que dichos compuestos nitrogenados no están disponibles ni para el animal ni para los microorganismos del rumen, son indegradables en rumen e indigestibles en el intestino delgado. En condiciones normales el ADIN varía entre el 3 y el 15% del nitrógeno total del alimento.

✓ **Digestibilidad de la Materia Orgánica (DMO)**: es la digestibilidad *in vitro* de la materia orgánica. La **Materia Orgánica Digestible (MOD)** es un buen estimador del contenido energético del alimento especialmente en aquellos alimentos con bajo tenor en lípidos. La materia orgánica se calcula por diferencia, %MO = %MS - %Cenizas.

✓ **Nutrientes Digestibles Totales (NDT)**: están constituidos por la sumatoria de los carbohidratos y las proteínas digestibles mas los lípidos digestibles multiplicados por el factor 2.25 ya que en promedio los lípidos aportan 2.25 veces mas energía que los carbohidratos y las proteínas, son un buen estimador del contenido energético de los alimentos. Los NDT pueden expresarse en porcentaje o en kilogramos, ej. 65% NDT = 0.650 Kg NDT/Kg MS, 1 Kg de NDT equivale a 3.165 Mcal de EM. En alimentos con bajos contenidos en lípidos, como por ejemplo los forrajes, 1 kg de NDT se considera equivalente a 1 kg de MOD.

✓ **Energía Metabolizable (EM)**: es la diferencia entre el calor de combustión del alimento ingerido y la energía perdida en heces, orina y gases de fermentación, es un muy buen indicador del aporte energético de los alimentos.

✓ **Energía Neta (EN)**: es el indicador mas preciso del contenido de energía de los alimentos, se obtiene al sustraer de la EM el incremento calórico (calor producido en los procesos de digestión y metabolización del alimento). Al ser la energía empleada en los rumiantes con diferente eficiencia según el proceso al cual se destine, la EN normalmente se divide en **EN para mantenimiento (ENm), EN para crecimiento y engorde (ENg)** y **EN para lactación (ENl)**. La EN normalmente se emplea para formular dietas, mientras que para formular piensos generalmente se emplea la EM o los NDT.

Capítulo 2

CARACTERISTICAS DE LOS SUPLEMENTOS

Conocer las necesidades nutricionales de los animales (energía, proteína, minerales, etc.) es el punto de partida de cualquier intento de formular o balancear una dieta, no obstante formular dietas para rumiantes a pastoreo suele ser complejo, dado que generalmente el suplemento ocasiona cambios en la fermentación ruminal (Bargo y col. 2003, Caton y Dhuyvetter 1997) y modificaciones en la conducta de pastoreo (Krysl y Hess 1993, Bargo y col. 2003) que modifican el consumo de forraje presentando la dieta final generalmente un contenido en nutrientes diferente al teóricamente esperado (Moore y col. 1999, Dixon y Stockdale 1999).

La composición deseable de un suplemento depende de la cantidad y calidad de la pastura a complementar así como también de la categoría animal y del objetivo de producción que se persiga, sin embargo es posible brindar algunos lineamientos generales al respecto.

2.1 Sales Minerales.

La carencia mineral en rumiantes a pastoreo es frecuente en muchas regiones siendo el fósforo considerado el mineral más deficiente a nivel mundial (McDowell 1992, Underwood y Suttle 1999, Soto y Reinoso 2012b).

Los suplementos minerales están formados por las sales de los minerales a suplementar (ej. fosfato bicálcico, óxido de magnesio, sulfato de cinc, selenito de sodio, etc.) y un vehículo saborizante (sal común, melaza deshidratada, harina de algodón, etc.) que la hace apetecible para los animales y regula su consumo.

Para un adecuado aporte de minerales para el ganado a pastoreo sobre pasturas nativas las mezclas minerales deben contener (McDowell 1992):

- Mínimo de 6 a 8% de fósforo, en áreas donde el forraje posee menos de 0.20% de fósforo como lo son la mayoría de las pasturas naturales de Uruguay (Soto y Reinoso 2012b) es preferible un mínimo de 8 a 10% de fósforo, niveles menores probablemente no logren cubrir los requerimientos de los animales.
- Relación calcio:fósforo no superior a 2:1 ya que el exceso de calcio en la dieta interfiere con la absorción

gastrointestinal y la movilización ósea de fósforo, los rumiantes toleran una relación calcio:fósforo mas amplia solo cuando el aporte de fósforo es adecuado en la dieta.

- Aportar una proporción significativa (ej. 50% o mas) de los requerimientos de micro-minerales (cobalto, cobre, yodo, cinc, selenio, etc.), en áreas con deficiencias confirmadas deben aportar el 100% de los requerimientos de de los micro-minerales deficientes. Debe tenerse en cuenta que debido a la interacción entre ciertos minerales, el exceso de algunos de ellos puede inducir la carencia o la toxicidad de otros.

- Ser palatable para asegurar un adecuado consumo en relación a los requerimientos de los animales. Debido a la alta palatabilidad del cloruro de sodio (sal común) mezclas con 30 a 40% o más de sal común son consumidas en cantidades suficientes para satisfacer las necesidades suplementarias de otros minerales.

- Las partículas del suplemento deben de ser de un tamaño adecuado para que las más pequeñas no sedimenten.

Con pasturas invernales anuales y perennes se requieren niveles de macro-minerales de 0 a 4% de fósforo, 12 a 16% de calcio y 6 a 8% de magnesio (Greene 2000).

Para fines prácticos, al formular una sal mineral se suele presupuestar un consumo diario de sal mineral de 0.5% del consumo total de materia seca. Si el consumo de la mezcla mineral es insuficiente y se desea estimular el consumo de la misma se debería incrementar la proporción del saborizante (McDowell 1992).

Teniendo en cuenta las recomendaciones del NRC (2000) y presupuestando un consumo diario de sal mineral del 0.5% del consumo total de materia seca, para que la mezcla mineral aporte el 50% de los requerimientos de micro-minerales del ganado de carne debe contener por Kg de sal mineral:

- Cobalto: 10 mg
- Cobre: 1000 mg
- Yodo: 50 mg
- Manganeso: 2000 mg
- Selenio: 10 mg
- Cinc: 3000 mg

2.2 Suplementos Proteicos.

Los rumiantes alimentados con forrajes de baja calidad deficientes en proteína (ej. pasturas maduras encañadas, pajonales, rastrojos de sorgo y maíz, pajas de cereales, etc.) presentan una baja a negativa ganancia de peso vivo debido a que este tipo de alimento se degrada muy lentamente en el rumen ocasionando un muy bajo consumo voluntario del mismo. El suministro de un suplemento proteico en pequeñas cantidades (0.1 a 0.3% del peso vivo) estimula la digestión del forraje e incrementa el consumo del mismo, mejorando así sensiblemente la performance del ganado alimentado con este tipo de forraje (Cochran y col. 1998, DelCurto y col. 2000, Reinoso y Soto 2012).

Un buen suplemento proteico se caracteriza por (Soto y Reinoso 2007, Reinoso y Soto 2012):

- Poseer un mínimo de 30% de PB con una degradabilidad ruminal mínima de la proteína de 50 a 60%. Si el suplemento es bajo en proteína la energía que este aporta exacerba la deficiencia de nitrógeno (N) en rumen e impacta negativamente reduciendo el consumo y la digestibilidad del forraje.

- Ser elaborado preferentemente en base a proteína verdadera (ej. harina de soja, expeller de girasol, etc.) ya que es mejor utilizada que el NNP (ej. urea, biuret, fosfato monoamonio, etc.) como fuente de N por parte de los microorganismos del rumen, especialmente en dietas a base de forraje.

- Cuando se emplea urea como fuente de NNP ésta no debería sobrepasar el 3% del suplemento o el equivalente proteico aportado por la urea no debería superar el 25 a 30% de la Proteína Degradable en Rumen (PDR) del suplemento en vacas de cría y el

15% en animales en crecimiento – engorde, niveles superiores de urea reducen la performance del ganado en comparación con el uso de suplementos elaborados solo en base a proteína verdadera y además pueden causar problemas de palatabilidad y rechazo del suplemento.

- Las proteínas verdaderas normalmente contienen suficiente azufre para cubrir los requerimientos de los microorganismos del rumen, sin embargo, cuando se suplementa con NNP se debe prestar especial atención al aporte de azufre de la dieta ya que la suplementación proteica es ineficaz si la dieta es deficiente en este mineral. Generalmente se recomienda adicionar 3 g de azufre inorgánico cada 100 g de urea.

En revisión de la literatura Reinoso y Soto (2012) encontraron que en general el empleo de compuestos de urea de liberación lenta (ej. Optigen®, RumaPro®, Nitroshure®, etc.) no presentaron ventajas sobre el uso de la urea convencional cuando se midió a través de la ganancia de peso vivo, producción de leche o evolución de la condición corporal.

2.3 Sales Proteinadas.

Usualmente los forrajes deficientes en proteína también son deficientes en fósforo y en otros minerales. Las sales proteinadas son suplementos mineralo-proteicos compuestos usualmente por una fuente de NNP (ej. hasta 10% de urea), una fuente de proteína verdadera (ej. harina de soja, expeller de girasol, etc.), una fuente de carbohidratos de fácil fermentación (ej. maíz, sorgo, etc.) para mejorar la utilización del NNP, un regulador del consumo (15 a 30% de cloruro de sodio) y una mezcla mineral. Este tipo de suplemento permite consumos de 0.1 a 0.2% del peso vivo (Ospina y col. 2007).

2.4 Suplementos Energéticos.

Los concentrados energéticos típicamente están formulados en base a granos de cereales (ej. maíz, sorgo, avena, etc.) o subproductos (ej. afrechillo de trigo o arroz, cascarilla de soja, etc.) con o sin el agregado de concentrados proteicos (harina de soja, expeller de girasol, urea, etc.) y en algunos casos con el agregado de complementos minerales, especialmente alguna fuente de calcio (ej. carbonato de calcio) para corregir el desbalance en la relación calcio:fósforo que presentan los granos de cereales. Son generalmente elevados en energía (70 a 90% de NDT), bajos en fibras (8 a 14% de ADF) e intermedios en proteína (10 a 14% de PB). Los niveles de suplementación generalmente rondan entre el 0.5 y 1% del peso vivo del animal dependiendo de la calidad y disponibilidad de la pastura.

Los concentrados para destete precoz (terneros entre 60 y 90 días de edad y entre 70 a 80 Kg de peso vivo) son típicamente concentrados altos en proteína (18% de PB), altos en energía (80 a 90% de NDT) y bajos en fibra (8 a 10% de ADF); generalmente son elaborados en base a granos de cereales y sus subproductos y a fuentes de proteína de alta calidad (ej. harina de soja) sin agregado de NNP y sin o con baja inclusión de fuentes proteicas de menor calidad como el expeller de girasol que es elevado en fibra muy lignificada de baja digestibilidad. Los niveles de suplementación recomendados generalmente rondan entre 1 y 1.5% del peso vivo dependiendo de las características de la pastura.

Los concentrados energéticos destinados a complementar pasturas cultivadas de alta calidad con elevado contenido proteico (ej. avena, raigrás, trébol blanco, trigo, etc., en estado vegetativo) deben poseer altos niveles de energía rápidamente fermentecible en rumen y bajo nivel de PB, sin el agregado de fuentes proteicas, especialmente de NNP.

2.5 Suplementos de Autoconsumo.

Para reducir costos de transporte y mano de obra los suplementos para rumiantes a pastoreo pueden ser formulados para ser administrados en forma de autoconsumo, es decir que los animales tengan acceso libre y permanente al suplemento y puedan ingerirlo a voluntad. Para lograr que los animales ingieran diariamente solo la cantidad asignada de suplemento y evitar el consumo excesivo del mismo se emplean reguladores del consumo como por ejemplo cloruro de sodio, ácido fosfórico, cloruro de calcio, etc.

El **regulador del consumo** más frecuentemente empleado es el cloruro de sodio o sal común, el cual a bajo nivel es un eficaz estimulante del consumo mientras que en elevadas concentraciones limita el consumo de alimentos. Cuando el cloruro de sodio es utilizado como limitante del consumo de suplementos muy palatables como los concentrados energéticos o los concentrados proteicos el consumo diario de sal varía entre 0.05 a 0.15% del peso vivo, presupuestándose generalmente un consumo promedio de sal de 0.1% del peso vivo (Kunkle y col. 2000).

A modo de ejemplo, si el nivel de suplementación deseado de un determinado suplemento es del 1% del peso vivo se deberá mezclar dicha cantidad con aproximadamente 0.1% del peso vivo de sal, con lo cual la mezcla a suministrar estará compuesta por 10 partes de suplemento (1 / 0.1 = 10) por cada parte de sal.

Para regular el consumo es más eficaz la sal gruesa que la sal fina, además es conveniente que el suplemento presente un tamaño de partícula similar al de la sal para prevenir la separación de ambos y así evitar el sobreconsumo de suplemento (Rich y col. s/f). El peleteado disminuye la efectividad de la sal como limitante del consumo y los alimentos con alta humedad tienden a aumentar el consumo de sal (Kunkle y col. 2000).

2.6 Aditivos.

Los aditivos son sustancias que no son nutrientes en sí mismo, pero adicionados a la ración influyen en la nutrición, el crecimiento, la producción o la salud del animal. Entre los más empleados se encuentran los ionóforos.

Los **ionóforos** (ej. monensina, lasalócido, etc.) son antibióticos promotores del crecimiento que cambian la fermentación ruminal y mejoran la eficiencia de uso de los nutrientes, lo cual se traduce en un mayor ritmo de producción y en una mejora en la eficiencia de conversión de los alimentos (Goodrich y col.

1984, Potter y col. 1986, Sprott y col. 1988, Spears 1990, McGuffey y col. 2001).

En rumiantes a pastoreo la monensina (200 mg/animal/día) reduce las necesidades de mantenimiento y aumenta la ganancia diaria de peso en un 13.5 a 16.3% (80 a 90 g/día sobre el control no tratado) (Potter y col. 1986, Goodrich y col. 1984). Niveles de monensina superiores a los 200 mg/animal/día reducen en forma marcada el consumo de forraje y en consecuencia disminuyen la ganancia de peso vivo (Minson 1990). La respuesta al lasalócido es más variable y con un menor aumento en la ganancia diaria (10 a 12.7%, 70 a 83 g/día sobre el control no suplementado) (Kunkle y col. 2000, Horton 1986) cuando se lo compara con la monensina.

La mejora en la performance mediante el empleo de ionóforos depende primordialmente de la calidad y disponibilidad del forraje, con dietas que promueven ganancias aceptables la adición de ionóforos parecería mejorar consistentemente la performance del ganado (Sprott y col. 1988), aunque porcentualmente el aumento adicional en la ganancia diaria promovida por los ionóforos se hace cada vez más pequeña a medida que aumenta la ganancia diaria del control no tratado (Potter y col. 1986, Goodrich y col. 1984, Minson 1990, Horton 1986).

El consumo accidental de elevadas cantidades de ionóforos (ej. suplementos mal mezclados) pueden causar intoxicación y muerte de animales.

2.7 Pre-mezclas o Premix.

Los micro-ingredientes (ej. minerales traza, vitaminas, antibióticos, etc.) son ingredientes que se requieren en muy pequeñas cantidades en la ración o en el pienso. Las **Pre-mezclas o Premix** son una mezcla uniforme de uno o mas micro-ingredientes con un vehículo (ej. afrechillo de trigo, harina de soja, sal común, etc.) que le aporta volumen a la pre-mezcla. El vehículo del premix al incrementar el volumen de la mezcla de micro-ingredientes facilita la dispersión homogénea de éstos cuando se mezclan con los demás ingredientes que integran la ración o el pienso.

2.8 Procesado de los Ingredientes.

Una vez calculada la mezcla, el siguiente paso consiste en someter a los diferentes ingredientes a una **molienda** en forma individual con una criba adecuada para cada tipo de materia prima para conseguir una granulometría homogénea de las partículas en tamaño y forma, las granulometrías diferentes favorecen la separación de los ingredientes en el producto terminado. Posteriormente se procede a **mezclar** apropiadamente los ingredientes para obtener una mezcla uniforme de manera que las distintas partes del producto final no difieran en su composición.

Muchas veces para simplificar el trabajo se invierte el orden de los procesos anteriores, primero se mezclan los ingredientes y luego se muelen todos juntos, esto dificulta la obtención de un producto final con una granulometría homogénea porque las diferentes materias primas están obligadas a pasar todas por el mismo tamiz.

Además de la molienda y el mezclado, los ingredientes pueden ser sometidos a otras tecnologías como por ejemplo peleteado, extrusión, expansión, tostado, etc., siendo de estos últimos el peleteado el proceso tecnológico mas utilizado. El **peleteado** mejora la fluidez y el manejo del alimento terminado, reduce la producción de polvo, evita la separación de los ingredientes y disminuye los costos de transporte y almacenamiento debido que al aumentar la densidad se requiere un menor espacio físico por unidad de producto.

2.9 Presentación Física.

Los suplementos pueden presentarse bajo tres formas principales: secos, líquidos o en forma de bloques.

Los suplementos de **presentación seca** son los más comúnmente utilizados e incluyen a los pellets, cubos, harinas, gránulos, tortas, etc.

Los **alimentos líquidos** son aquellos en los cuales los ingredientes se encuentran en suspensión, tienen la desventaja que solo se les puede adicionar una limitada cantidad de ingredientes secos y que muchas veces es difícil mantenerlos en suspensión. Un ejemplo típico son los suplementos proteicos en base a melaza y urea a los cuales se les puede adicionar hasta 15 a 20% de ingredientes secos (ej. harina de semilla de algodón, harina de soja, etc.) para mejorar su valor nutricional (Kunkle y col. 1997; Pate y Kunkle 2001). Típicamente los suplementos líquidos se suministran en forma de autoconsumo en lamederos con rodillos o bateas con rejillas flotantes que regulan y evitan el consumo excesivo (Pate y Kunkle 2001).

Los **bloques** son suplementos de autoconsumo que tienen forma, peso, dimensión y compactación variable. Debido a la dureza del bloque el animal al lamerlo ingiere lentamente cantidades pequeñas del mismo y de esta manera regula el consumo del bloque. Existen **bloques minerales** que como su nombre lo indica aportan macro y microminerales, **bloques proteicos** que aportan fundamentalmente proteína degradable en rumen principalmente en base a NNP y **bloques multinutricionales** que son bloques mineraloproteicos formados por la combinación de un suplemento proteico con una sal mineral. A lo largo del tiempo se han desarrollado diferentes procesos para elaborar bloques (Sansoucy y col. 1995). En la actualidad generalmente se emplea el denominado **"proceso en frío"**, el cual consiste en mezclar los diferentes ingredientes que integran el bloque (ej. urea, melaza, harina de semilla de algodón, expeller de girasol, afrechillo de trigo o arroz, maíz, sorgo, sal mineral, etc.) con 5 a 15% de alguna sustancia ligante (ej. yeso blanco, cal viva, cal muerta o apagada, dolomita, bentonita, cemento de construcción, etc.) con el agregado de cierta cantidad de agua, al solidificarse el ligante le da dureza al bloque. Los bloques pueden elaborarse con o sin la inclusión de melaza, esta última además de aportar energía actúa como saborizante y solidificante. La cantidad de agua requerida en la elaboración de bloques varía en forma inversa a la cantidad de melaza empleada así como al contenido de humedad de los demás ingredientes. Una vez que la mezcla adquiere una consistencia adecuada se coloca en moldes de plástico, metal, cartón, etc. para su fraguado que generalmente es de 8 a 24 horas dependiendo de la temperatura y la humedad del ambiente, luego se desmolda y se deja secar hasta que alcance el grado de dureza deseado, posteriormente se almacenan en bolsas o film de polietileno para evitar que continúen secándose y se endurezcan en forma excesiva con el paso del tiempo. Otra alternativa de elaboración es ir prensando la mezcla a medida que se van llenando los moldes, de esta manera se pueden desmoldar inmediatamente y pasar directamente a la etapa de secado. Los lectores interesados en profundizar en los diferentes aspectos de la elaboración de bloques para el ganado pueden consultar entre otros los trabajos de Hadjipanayiotou (1995), Sansoucy y col. (1995) y Makkar y col. (2007).

En general, los **suplementos líquidos y bloques** presentan mayor variación individual en el consumo y mayor porcentaje de animales que no consumen suplemento en comparación con los de presentación seca (Bowman y Sowell 1997).

Capítulo 3

PROGRAMACION LINEAL

A) Fundamentos

3.1 ¿Qué es la Programación Lineal?

Genéricamente hablando la **Programación Lineal (PL)** es una técnica de la matemática aplicada que aborda problemas de optimización en la asignación de recursos escasos a diferentes alternativas disponibles. Su aplicación no solo se circunscribe a la formulación de raciones y piensos si no que posee un campo de acción mucho mas amplio y se emplea exitosamente desde hace varias décadas en la toma de decisiones en áreas como el ejército, la industria, el transporte, la economía, los sistemas de salud y por supuesto en la agropecuaria entre otros.

En este texto solo se abordarán las nociones elementales de la PL cuyo conocimiento resulta imprescindible para que el lector pueda utilizar dicha herramienta en el caso concreto de la formulación de raciones y piensos. Los lectores interesados en los teoremas y enunciados de la PL, así como en los algoritmos de resolución y en el desarrollo de otros tipos de aplicaciones, pueden consultar algunas de las numerosas obras existentes en la bibliografía especializada (ej. Hiller y Lieberman 2002, Taha 1998, Dantzig y Thapa 1997, etc.), mientras que los interesados en aplicaciones específicamente relacionadas con la agropecuaria pueden consultar las obras de Maroto y col. (1997), Paris (1991), Glen (1987), Hazell y Norton (1986), Barnard y Nix (1984), Beneke y Winterboer (1973) y Hardaker (1971) entre otros.

3.2 Componentes de un modelo de Programación Lineal.

Todo modelo de PL consta de un conjunto de **variables de decisión** y una **función objetivo** lineal a optimizar (Maximizar o Minimizar) sujeta a una serie de igualdades y desigualdades lineales llamadas **restricciones**.

En el denominado **problema de la dieta** como suele llamarse genéricamente a la formulación de raciones y piensos en los textos de PL, se supone que en el mercado hay disponibles n alimentos diferentes y que el j-esimo alimento se vende a un precio de Cj por unidad. Además, hay m nutrientes básicos (ej. energía, proteína, calcio, fósforo, etc.) y para lograr una dieta equilibrada cada individuo debe ingerir una cantidad menor igual, igual o mayor igual según el caso de Bi unidades del i-esimo nutriente por día. Finalmente, se supone que cada unidad del alimento j aporta Aij unidades del i-esimo nutriente.

El objetivo es encontrar aquella combinación de alimentos que minimice el costo total de la ración respetando las restricciones impuestas. Algebraicamente esto se puede expresar como:

Minimizar el costo total de la ración (Función Objetivo):

$$C1 * X1 + C2 * X2 + ... + Cn * Xn$$

Sujeto a las restricciones nutricionales:

$$A11 * X1 + A12 * X2 + ... + A1n * Xn \leq,=,\geq B1$$

$$A21 * X1 + A22 * X2 + ... + A2n * Xn \leq,=,\geq B2$$

....

$$Am1 * X1 + Am2 * X2 + ... + Amn * Xn \leq,=,\geq Bm$$

Donde:

Xj = cantidad del j-esimo alimento (ej. kg de maíz/día)

Cj = costo por unidad del j-esimo alimento (ej. U$S/kg de maíz)

Bi = requerimientos del i-esimo nutriente (ej. kg de PB/día)

Aij = aporte del i-esimo nutriente (ej. PB) aportado por el j-esimo alimento (ej. maíz).

Nota: En la jerga de la PL, los coeficientes Bi suelen denominarse Lado Derecho de las Restricciones o RHS (Right-Hand Side) por sus siglas en inglés, mientras que los valores Aij suelen denominarse coeficientes técnicos y las Xj actividades o variables de decisión.

El denominado problema de la dieta es una de las primeras y más importantes aplicaciones de la PL. Desde que Waugh (1951) publicó por primera vez un artículo para formular raciones al mínimo costo con PL hasta la actualidad, la PL se ha convertido en una herramienta insustituible en este campo. Numerosos sistemas de alimentación han sido modelados con PL (Soto y Reinoso 2012a; Tedeschi y col. 2000; Rotz y col. 1999; O'Connor y col. 1989; Mertens y Dado 1993; Black y Hulbick 1980; Brokken 1971a,b) con el fin de poder formular dietas de mínimo costo.

3.3 Planteo de un modelo de Programación Lineal.

Un empresa elaboradora de piensos desea formular un concentrado proteico con un mínimo de 38% de PB y para ello cuenta como ingredientes con afrechillo de trigo (14% PB), harina de soja (44% PB), expeller de girasol (28% PB) y urea (287% PB), los cuales pueden ser adquiridos en el mercado a un precio de 0.145, 0.510, 0.245 y 0.460 U$S/kg MS respectivamente. Por razones nutricionales, la empresa desea que la urea no supere el 3% del concentrado y por razones comerciales que la harina de soja no se incluya en un nivel inferior al 10% de la mezcla.

40

Si representamos con X1, X2, X3 y X4 las cantidades de afrechillo de trigo, harina de soja, expeller de girasol y urea respectivamente, el modelo se puede plantear en **forma algebraica** como:

Minimizar $0.145 * X1 + 0.510 * X2 + 0.245 * X3 + 0.460 * X4$

Sujeto a:

$X1 + X2 + X3 + X4 = 1$

$14 * X1 + 44 * X2 + 28 * X3 + 287 * X4 \geq 38$

$X4 \leq 0.03$

$X2 \geq 0.10$

Donde la primera restricción es una ecuación de balance que establece que se va a formular 1 kg MS de ración, mientras que la segunda y la tercera restricción establecen que el contenido de PB del concentrado debe ser como mínimo de 38% y que el porcentaje de urea no debe superar el 3% de la mezcla total. La última restricción establece que la harina de soja sea al menos un 10% de la mezcla total. La función objetivo expresa que se desea minimizar el costo total del pienso.

Por razones de conveniencia generalmente se calcula para 1 kg de pienso ya que de esta manera el resultado de las variables representan directamente las proporciones de cada alimento en la mezcla, el resultado así obtenido si se lo multiplica por 100 o por 1000 se convierte directamente en porcentaje o en los kg de cada alimento por tonelada de pienso respectivamente. En cambio, si lo que se pretende es formular directamente una determinada cantidad de ración basta multiplicar en el modelo anterior el lado derecho de todas las restricciones por dicha cantidad.

Además de la forma algebraica los modelos de PL también pueden ser planteados en **forma de tabla**, lo cual muchas veces hace más legible el planteo, para el ejemplo anterior dicha presentación quedaría como:

	X1	X2	X3	X4	Signo	RHS
Minimizar	0.145	0.510	0.245	0.460		
	1	1	1	1	=	1
	14	44	28	287	≥	38
				1	≤	0.03
		1			≥	0.10

3.4 Homogeneidad de las unidades en los modelos de Programación Lineal.

Las unidades de los coeficientes (Cj, Aij, Bi) y de las variables de decisión (Xj) de un modelo de PL deben tener cierta lógica de vinculación, para ello existen dos reglas generales:

1°) Las unidades (ej. porcentaje, kg, ppm, etc.) del **numerador** de todos los coeficientes Aij en una determinada restricción deben ser las mismas y a su vez deben ser igual a la unidad del coeficiente Bi del lado derecho de dicha restricción.

2°) Todos los coeficientes (Cj, Aij) asociados a una determinada variable deben poseer la misma unidad en el **denominador** y a su vez dicha unidad debe ser la misma unidad en la cual está expresada la variable de decisión asociada.

En el ejemplo presentado en la sección anterior las variables de decisión X1, X2, X3 y X4 representan los **Kg de MS** de afrechillo de trigo, harina de soja, expeller de girasol y urea que integran el pienso respectivamente. Por ejemplo, en la segunda restricción del modelo cada coeficiente Aij representa el **porcentaje de PB** (numerador) **por Kg de MS** (denominador) de su correspondiente alimento Xj y el lado derecho de dicha restricción esta expresado en **porcentaje de PB**, con lo cual se cumple plenamente la regla número uno. Continuando con el ejemplo, si consideramos los coeficientes Cj y Aij asociados a la variable X1 estos están expresados en U$S/**Kg de MS**, en Kg de MS/**Kg de MS** y en %PB/**Kg de MS** en la función objetivo, en la restricción uno y en la restricción dos respectivamente, con lo cual se cumple la regla número dos. Una deducción similar se puede hacer para las unidades asociadas a las demás variables y a las demás restricciones.

3.5 Resolución de los modelos de Programación Lineal.

El matemático George Dantzig, considerado el padre de la PL, fue quien creó en 1947 el primer algoritmo para resolver problemas de PL, el llamado **método simplex**, un procedimiento algebraico de extraordinaria eficacia. En la actualidad, para resolver problemas de PL se emplea el método simplex o algunas de sus variantes o enfoques mas recientes como el **algoritmo de punto interior** publicado en 1984 por Narendra Karmarkar.

Si bien es posible realizar los cálculos en forma manual, en la práctica los modelos de PL suelen resolverse con el auxilio de un ordenador, pues generalmente se requiere un gran volumen de cálculos, incluso para aquellos modelos pequeños con unas pocas variables y unas pocas restricciones, existiendo entonces un riesgo considerable que se acumulen errores y exigiendo una considerable cantidad de tiempo y esfuerzo en los cálculos manuales.

En el mercado existe una vasta oferta de paquetes informáticos dedicados a resolver problemas de PL, los cuales apoyados en la gran velocidad de cálculo y en la gran capacidad de procesamiento de datos de las computadoras personales actualmente pueden resolver en unos pocos segundos problemas con cientos de variables y cientos de restricciones.

Téngase en cuenta que es frecuente encontrar en áreas como la industria o el transporte modelos con mas de 15000 variables y mas de 3000 restricciones.

Dentro de los paquetes informáticos mas potentes y populares se encuentran entre otros, LINGO, MPL/CPLEX y SOLVER, éste último viene incluido actualmente en la hoja de cálculo Microsoft Excel.

LINGO y MPL son verdaderos lenguajes de modelado de programación matemática y permiten construir, manipular y resolver fácilmente modelos enormes de PL y de otros tipos de programación matemática, poseen una gran cantidad de funciones para manipular datos y variables y para construir restricciones. El SOLVER de Excel está destinado a resolver problemas pequeños de PL dado que su despliegue obligatoriamente es en una hoja de cálculo y en consecuencia el modelo debe ser introducido en forma de tabla lo cual por una cuestión de distribución espacial y de practicidad, limita el tamaño del modelo.

En internet se pueden bajar versiones gratuitas (denominadas versiones demo o para estudiantes) de MPL/CPLEX en http://maximal-usa.com y de LINGO en www.lindo.com. La versión para estudiantes de estos paquetes poseen las mismas prestaciones que las versiones comerciales, la única diferencia es el tamaño limitado del problema que permiten resolver, aproximadamente un máximo de 300 variables y 150 restricciones, valores estos generalmente suficientes para formular un pienso o una dieta.

Otra alternativa es LP SOLVE, un software libre y gratuito (http://sourceforge.net/projects/lpsolve/) que posee las mismas prestaciones que un software comercial sin límites en el número de variables y de restricciones en el modelo a resolver, muy sencillo de manejar donde el modelo se introduce directamente en forma algebraica.

Para desplegar y resolver los ejemplos presentados a lo largo de este texto se utilizó el paquete informático LINGO debido a su gran versatilidad, sencillez y popularidad tanto en el ámbito académico como comercial.

Planteo y solución del modelo con LINGO.

El ejemplo presentado en la sección anterior puede ser modelado con LINGO como:

```
! Formulación concentrado proteico con 38% PB;

! X1 = kg de MS de afrechillo de trigo;

! X2 = kg de MS de harina de soja;

! X3 = kg de MS de expeller de girasol;

! X4 = kg de MS de urea;


MIN = 0.145*X1 + 0.510*X2 + 0.245*X3 + 0.460*X4;

[R_MS]         X1 +    X2 +     X3 +      X4  = 1;

[R_PB]     14*X1 + 44*X2 + 28*X3 + 287*X4 >= 38;

[R_Urea]                              X4 <= 0.03;

[R_HSoja]          X2                    >= 0.10;
```

El modelo posee varios **comentarios aclaratorios**, donde cada comentario comienza con un signo de exclamación y termina con punto y coma, los comentarios pueden ir incluidos en cualquier línea del modelo como por ejemplo entre las restricciones. En este caso el modelo comienza con cinco líneas de comentarios donde se describen el título y la definición de las variables de decisión. El nombre de las **variables de decisión** pueden ser letras seguidas de números como en este caso o palabras sugestivas a lo que hacen referencia (ej. maíz, sorgo, etc.).

La sexta línea indica que el objetivo del modelo es minimizar la **función objetivo**. Luego viene la definición de las **restricciones**, donde cada una puede comenzar en forma opcional con un nombre aclaratorio encerrado entre paréntesis rectos. Nótese que en el modelo las multiplicaciones se indican con un asterisco y que tanto la función objetivo como las restricciones terminan en punto y coma. Para LINGO es indistinto si el modelo es escrito en letras mayúsculas o minúsculas, o en una combinación de ambas.

Luego de escrito el modelo, para resolverlo simplemente se elije la opción *Solve* del menú o de la barra de herramientas de LINGO. La solución del problema del ejemplo anterior presentada por LINGO es la siguiente:

```
Objective value: 0.2883844

Variable          Value
      X1       0.000000
      X2       0.139375
      X3       0.830625
      X4       0.030000
```

Lo cual indica que el pienso formulado presenta un costo de 288 U$S/Tonelada de MS y está compuesto en base seca por 13.9% de harina de soja (X2), 83.1% de expeller de girasol (X3) y 3% de urea (X4) sin la inclusión de afrechillo de trigo (X1). Para determinar el costo real del pienso además de los 288

U$S/Tonelada de costo de la materia prima se deben agregar otros costos como por ejemplos los de molienda, mezclado, envasado, operativos, de marketing, etc.

Se debe tener presente que al resolver cualquier modelo de PL siempre entrarán en la solución como **máximo m variables de decisión**, siendo m el número de restricciones funcionales (restricciones no redundantes) del modelo. Por ejemplo si se formula un pienso con cinco ingredientes posibles (n=5) y existen en el problema tan solo tres restricciones funcionales (m=3), obligatoriamente integraran la solución tres o menos ingredientes. Esto explica por qué muchas veces aunque se emplee un gran número de alimentos solo entran en la solución unos pocos. Obviamente si en el problema anterior m fuese mayor a n entrarían como máximo n ingredientes en la solución.

3.6 Supuestos de la Programación Lineal.

Para que un modelo pueda ser considerado de PL debe cumplir ciertos supuestos:

✓ **Linealidad**: la linealidad (o proporcionalidad) establece que la contribución de cada variable de decisión, tanto en la función objetivo como en las restricciones, sea directamente proporcional al valor de la variable, en consecuencia, esta suposición elimina cualquier exponente diferente a 1 para todas las variables en un modelo de PL. Por ejemplo, la proporcionalidad establece que si 1 kg de maíz aporta 3.2 Mcal de EM, 2 kg de maíz aportarán el doble (6.4 Mcal de EM), es decir, la linealidad solo permite funciones con rendimientos constantes en los modelo de PL, no permite las funciones con rendimientos marginales crecientes ni decrecientes.

✓ **Aditividad**: la aditividad (o independencia) establece que la contribución total de todas las variables en la función objetivo y en las restricciones sea la suma directa de la contribución individual de cada variable, en consecuencia, esta suposición elimina cualquier producto cruzado entre variables en un modelo de PL, por ejemplo, esto prohíbe contemplar los efectos asociativos entre los alimentos, si 1 kg de maíz aporta 3.2 Mcal de EM y 1 kg de forraje aporta 2.0 Mcal de EM, 1 kg de cada uno de ellos en la ración aportarán la suma de sus contribuciones individuales, es decir un total de 5.2 Mcal EM (3.2 + 2.0), no podrán aportar en el modelo una cantidad total diferente de energía si ocurre por ejemplo una depresión en la digestibilidad del forraje por los efectos asociativos negativos de los concentrados energéticos sobre la digestión de la fibra del forraje.

✓ **Divisibilidad**: todas las variables de decisión pueden tomar valores fraccionales, por ejemplo 234.55 kg de sorgo/tonelada de pienso, no necesariamente tienen que tomar valores enteros.

✓ **No negatividad**: las variables de decisión no pueden tomar valores negativos, lo cual es razonable en la mayoría de los modelo de PL, por ejemplo no es lógico que una ración posea una cantidad negativa de un determinado ingrediente. Además, todos los valores del lado derecho de las restricciones (parámetros Bi) deben ser no negativos, por ejemplo no pueden haber requerimientos negativos de energía.

✓ **Certeza de la información**: todos los parámetros del modelo (Cj, Aij, Bi) son constantes conocidas, es decir no son una distribución de probabilidades (no son estocásticos, son deterministas). Por ejemplo, en las restricciones debe aparecer el contenido esperado (el valor más probable) de proteína de los ingredientes, no una distribución de probabilidad de ocurrencia de la misma.

✓ **No poseer actividades tipo si o no**: no puede haber en el modelo restricciones condicionales, es decir, no pueden existir sentencias como por ejemplo incluir en la ración maíz o sorgo pero no ambos a la vez, o solo si se incluye urea en la ración se debe incluir azufre inorgánico.

En la práctica, si es necesario, estos supuestos pueden ser levantados con algún esfuerzo matemático empleando por ejemplo variables no restringidas en el signo, programación separable, programación entera, programación binaria, programación estocástica, etc., como se verá más adelante en el texto.

LINGO supone en forma automática que las **variables de decisión son no negativas y continuas**, si algunas de las variables no son restringidas en el signo, son enteras o son binarias debe especificarse al final del modelo. Por ejemplo si X1 es no restringida en el signo, X2 es entera y X3 es binaria, se debe declarar como:

@FREE (X1);

@GIN (X2);

@BIN (X3);

El empleo de estos tipos especiales de variables será discutido mas adelante en el texto.

Capítulo 4

PROGRAMACION LINEAL

B) Extensiones

Como se mencionó en los capítulos anteriores, la Programación Lineal (PL) no solo permite formular una ración al mínimo costo adecuada nutricionalmente si no que además brinda abundante información de gran importancia económica. En el ejemplo presentado en el capítulo tres se omitieron deliberadamente ciertos datos al presentar los resultados de la solución, por lo tanto es oportuno aquí darle una mirada mas profunda al tema. El informe completo de la solución brindada por LINGO es el siguiente:

```
Global optimal solution found.

Objective value:            0.2883844
Total solver iterations:    3

Model Class:                LP
```

Variable	Value	Reduced Cost
X1	0.000000	0.131875
X2	0.139375	0.000000
X3	0.830625	0.000000
X4	0.030000	0.000000

Row	Slack or Surplus	Dual Price
R_MS	0.000000	0.218750
R_PB	0.000000	-0.016562
R_UREA	0.000000	4.074687
R_HSOJA	0.039375	0.000000

Ranges in which the basis is unchanged:

Objective Coefficient Ranges:

Variable	Current Coefficient	Allowable Increase	Allowable Decrease
X1	0.145000	INFINITY	0.131875
X2	0.510000	INFINITY	0.150714
X3	0.245000	0.070333	INFINITY
X4	0.460000	4.074687	INFINITY

Righthand Side Ranges:

Row	Current RHS	Allowable Increase	Allowable Decrease
R_MS	1.00000	0.022500	0.302045
R_PB	38.0000	13.290000	0.630000
R_UREA	0.030000	0.002432	0.030000
R_HSOJA	0.100000	0.039375	INFINITY

Para generar un informe completo de la solución como el desplegado en esta sección, una vez resuelto el modelo se debe elegir en el menú *LINGO* el comando *RANGE*.

Por defecto, al instalar LINGO el comando *RANGE* no se encuentra habilitado, para habilitarlo se debe seleccionar en el menú *LINGO* la opción *OPTIONS...* y luego en la pestaña *GENERAL SOLVER* se establece en el casillero *DUAL COMPUTATIONS* la opción *PRICES & RANGES*, posteriormente se presiona el botón *SAVE* para grabar los cambios y el botón *OK* para retornar al IDE de LINGO.

4.1 Soluciones Factibles, No Factibles y Optimas.

En esencia el algoritmo Simplex de la PL se basa en ir cambiando interactivamente de una solución factible a otra hasta encontrar la solución óptima. Se entiende por **solución factible** a aquella combinación de variables que satisfacen en forma simultánea todas las restricciones del problema, mientras que la **solución óptima** es aquella solución factible que optimiza la función objetivo, es decir que minimiza o maximiza, según el caso, el valor final de la función objetivo.

Una **solución no es factible** cuando no existe ninguna combinación posible de variables que satisfagan todas las restricciones a la vez y por lo tanto el problema no tiene solución. Un tipo especial de solución no factible es la **solución no acotada** (UNBOUNDED SOLUTION). Una solución es no acotada cuando por error en el planteo del problema alguna variable del modelo puede incrementar indefinidamente su valor sin violar ninguna restricción y por lo tanto hacer que el valor de la función objetivo mejore indefinidamente.

LINGO es capaz de reconocer y resolver diferentes tipos de modelos matemáticos que incluyen problemas de PL, de Programación Entera y de Programación No Lineal. En el informe de resultados presentado al inicio, LINGO informa que el modelo es de PL (MODEL CLASS: LP) y se encontró una solución óptima (GLOBAL OPTIMAL SOLUTION FOUND) en la tercera interacción (TOTAL SOLVER INTERATIONS: 3), con un valor de la función objetivo de 0.2883844 (OBJECTIVE VALUE: 0.2883844).

4.2 Costo Reducido.

El **Costo Reducido** (REDUCED COST) de una variable representa cuanto cambia el valor de la función objetivo al incrementar en una unidad el valor de dicha variable en la solución, en la practica representa cuanto debe aumentar (al maximizar) o disminuir (al minimizar) el valor del coeficiente Cj en la función objetivo de una variable que no se encuentra en la solución (**variable no básica**) para que pueda tornarse económicamente competitiva en relación a las variables que sí están en la solución (**variables básicas**) y así poder estar en condiciones de integrar la solución sin desmejorar el valor de la función objetivo suponiendo que el valor de los coeficientes C_j de las variables que integran la solución no cambien. Todas las variables que integran la solución siempre tienen costo reducido cero.

En el ejemplo anterior el afrechillo de trigo (X_1) no integra la solución, tiene un valor en la función objetivo de 0.145 U$S/Kg MS y un costo reducido en la solución final de 0.131875 U$S/Kg MS. Si nos interesase saber a que precio el afrechillo de trigo se tornaría económicamente competitivo y en consecuencia pudiera integrar la solución (suponiendo que los costos de los demás ingredientes permanezcan incambiados), como se trata de una minimización se debe sustraer del costo del afrechillo su costo reducido, 0.145 - 0.131875 = 0.013125 U$S/Kg MS, para este caso en particular el afrechillo de trigo debería costar no mas de 13.1 U$S/tonelada para ser competitivo en relación a los demás ingredientes y estar en condiciones de poder integrar la solución.

Genéricamente, se puede expresar en una minimización:

Nuevo Valor de C_j = C_j original – Costo Reducido de j

Y en una maximización:

Nuevo Valor de Cj = Cj original + Costo Reducido de j

Por otro lado, el costo reducido nos permite conocer cuanto cambia el valor de la función objetivo por forzar la entrada en la solución de una variable no básica. Por ejemplo, por cada unidad de afrechillo de trigo (X1) que forcemos a entrar en la solución, como se trata en este caso de una minimización, el costo total del pienso aumenta en U\$S 0.131875, en el caso de una maximización la interpretación es a la inversa, es decir se debe reducir el valor de la función objetivo cuando se fuerza la entrada en la solución de una variable no básica.

4.3 Variables de Holgura y de Superávit.

Las **variables de holgura** (SLACK) y de **superávit** (SURPLUS) son dos tipos especiales de variables que están asociadas a las restricciones del tipo menor igual y del tipo mayor igual respectivamente.

Una **restricción del tipo menor igual** determina requerimientos máximos de algún recurso Bi. Las **variables de holgura** representan la cantidad del recurso Bi (lado derecho de las restricciones) que no es utilizado por las variables de decisión, es decir representan la cantidad ociosa que queda de un recurso.

Una **restricción del tipo mayor igual** determina los requerimientos mínimos de algún recurso Bi. Las **variables de superávit** representan en que cantidad se sobrepasa el uso del recurso Bi en relación a su mínimo requerido.

En otras palabras, las variables SLACK/SURPLUS nos dan la diferencia entre el lado derecho y el lado izquierdo de una restricción, es decir nos dan la diferencia entre la disponibilidad de un determinado recurso Bi y el uso que hacen las variables de decisión en la solución de dicho recurso.

En la solución del ejemplo presentado en el capítulo anterior:

```
Minimizar 0.145*X1 + 0.510*X2 + 0.245*X3 + 0.460*X4
Sujeto a:
[R_MS] X1 + X2 + X3 + X4 = 1
[R_PB] 14*X1 + 44*X2 + 28*X3 + 287*X4 >= 38
[R_UREA]  X4 <= 0.03
[R_HSOJA] X2 >= 0.10
```

Las variables de holgura y superávit tomaron los siguientes
valores:

```
    Row    Slack or Surplus
   R_MS          0.000000
   R_PB          0.000000
 R_UREA          0.000000
R_HSOJA          0.039375
```

Como la primera **restricción es del tipo igual** necesariamente
tiene que satisfacerse en forma exacta, por lo tanto no puede
haber exceso ni ociosidad en el uso de los recursos, en
consecuencia las restricciones del tipo igual no pueden tener
asociadas variables de holgura ni de superávit, por lo tanto es
lógico que siempre en la columna SLACK/SURPLUS aparezca
cero como resultado.

En la segunda (R_PB) y tercera restricción (R_UREA) las
variables hacen un uso exacto de los recursos por lo cual el
valor de sus correspondientes variables SLACK/SURPLUS es
cero.

En la última restricción (R_HSOJA) se presenta un caso
diferente, esta restricción (del tipo mayor igual) establece que la
harina de soja (X2) debe ser como mínimo un 10% del
concentrado, pero como en la solución final la harina de soja
integra el 13.9375% del concentrado su correspondiente

variable de superávit toma el valor de 3.9375% que es la diferencia entre 13.9375 – 10 = 3.9375.

¿Que implicancia económica puede tener todo esto? pues varias, una de ellas podría ser que si para este tipo de concentrado existiese un estándar mínimo de 10% o menos de inclusión de harina de soja en la mezcla podríamos diferenciarnos de la competencia pues superamos ese límite con creces, por el contrario, en relación a la PB deberíamos tener mucho mas cuidado con la composición de nuestra materia prima, pues al ser su correspondiente variable de superávit cero estamos en el limite inferior mínimo requerido de PB y en caso de que alguna partida de los ingredientes posea menos proteína que la presupuestada en el modelo podríamos no cubrir las expectativas planteadas en cuanto al nivel de proteína que debería tener el concentrado. Algo similar sucede con la urea, al ser su variable de holgura cero significa que el pienso esta formulado con la máxima cantidad de urea permitida, un error en la pesada de los ingredientes puede provocar que la urea entre en una cantidad superior a la permitida.

4.4 Cambios en los coeficientes C_j.

Se denomina **Análisis de Sensibilidad** al hecho de investigar el efecto que tiene sobre la solución óptima hacer cambios en los valores de los parámetros A_{ij}, B_i y C_j.

El estudio del rango de variación de los coeficientes Cj de la función objetivo permite conocer los límites entre los cuales pueden variar dichos coeficientes sin que cambie la solución óptima actual (**intervalo permisible para permanecer óptimo**). Obviamente al cambiar los coeficientes Cj dentro del rango permisible afectan el valor de la función objetivo, pero no cambia el valor que tomaron las variables en la solución óptima actual.

Hay que tener en cuenta que los rangos de variación permisibles solo son válidos cuando los cambios se realizan en un único coeficiente Cj por vez (SINGLE CHANGES) y los demás coeficientes Cj permanecen constantes en sus valores originales.

En el ejemplo presentado en el capítulo anterior, LINGO presenta el siguiente informe sobre el rango de los coeficientes de la función objetivo:

```
          Objective Coefficient Ranges:


              Current      Allowable      Allowable
Variable    Coefficient    Increase       Decrease
      X1     0.145000      INFINITY       0.131875
      X2     0.510000      INFINITY       0.150714
      X3     0.245000      0.070333       INFINITY
      X4     0.460000      4.074687       INFINITY
```

Muchos de los paquetes informáticos (ej. LINGO) no dan en los informes de la solución directamente el intervalo permisible de los coeficientes Cj, generalmente brindan la información en forma del incremento (ALLOWABLE INCREASE) y decremento (ALLOWABLE DECREASE) permisible del coeficiente Cj, con lo cual simplemente al sumar y restar respectivamente dichos valores al correspondiente Cj se obtiene el rango de variación permisible para dicho coeficiente, genéricamente esto se puede expresar como:

Rango Superior de Cj = Cj original + Incremento Permisible.

Rango Inferior de Cj = Cj original – Decremento Permisible.

Por ejemplo, el expeller de girasol (X3) puede incrementar su precio en el mercado hasta en 70.3 U$S/tonelada y pasar a costar hasta 315.3 U$S/tonelada (245 + 70.3 = 315.3) que continuará siendo óptima la solución actual (X1=0, X2=0.139375, X3=0.830625, X4=0.03), lo mismo sucede si el precio del expeller de girasol desciende en cualquier magnitud (infinito).

Una interpretación similar se le puede dar a los demás ingredientes pero un caso interesante de destacar es el de la harina de soja (X2) que tiene un incremento permisible infinito en su precio, esto se debe a la composición de los ingredientes que integran el modelo y a la forma en que fueron planteadas las restricciones, esto es así porque en este caso en particular sin la inclusión de harina de soja es imposible llegar al 38% de PB que requiere el concentrado ya que el otro ingrediente elevado en proteína que podría lograr estos valores es la urea pero está acotada a un máximo del 3% del concentrado. Obviamente que si el costo de la harina de soja aumenta enormemente no tendría ningún sentido adquirirla a precios exorbitantes y totalmente fuera de mercado, se tendría que buscar alguna otra fuente alternativa de proteína o plantear las restricciones de alguna otra manera porque de lo contrario el concentrado formulado tendría seguramente un costo prohibitivo para el mercado. Esto se debe a que matemáticamente al resolver un problema, para el algoritmo de solución solo cuenta lo que está especificado en el modelo, de ahí que siempre es necesario el buen juicio del profesional actuante y el conocimiento profundo de cómo fue planteado y que representa ese modelo, y fundamentalmente como se adaptan a la realidad los resultados obtenidos. Todo modelo, por más complejo que sea, no es más que una simplificación de la realidad.

Conocer el rango superior e inferior de los precios de los ingredientes con los cuales se formula un pienso suele ser útil, por ejemplo cuando se acaba el stock de alguno de los ellos y se tiene que volver a adquirirlo en el mercado, si su precio permanece dentro del rango permisible no es necesario volver a reformular el pienso porque la solución actual del modelo sigue siendo óptima, siempre y cuando el precio de los demás ingredientes no varíe y no se consideren ingredientes nuevos.

4.5 Cambios en los coeficientes *Bi*.

El estudio del rango de variación de los coeficientes del lado derecho de las restricciones (RHS o coeficientes Bi) permite conocer los límites entre los cuales pueden variar dichos coeficientes sin que la solución actual deje de ser factible (**intervalo permisible para permanecer factible**). Obviamente al cambiar los coeficientes Bi dentro del rango permisible afectan tanto el valor de la función objetivo como el valor que toman las variables en la solución óptima.

Así como sucede con los coeficientes Cj, los rangos de variación permisibles del lado derecho de las restricciones solo son válidos cuando los cambios se realizan en un único coeficiente Bi por vez (SINGLE CHANGES) y los demás coeficientes Bi permanecen constantes en sus valores originales.

A continuación se presenta el rango de variación del lado derecho de las restricciones obtenido al resolver el ejemplo presentado en el capítulo anterior:

Righthand Side Ranges:

Row	Current RHS	Allowable Increase	Allowable Decrease
R_MS	1.00000	0.022500	0.302045
R_PB	38.0000	13.290000	0.630000
R_UREA	0.030000	0.002432	0.030000
R_HSOJA	0.100000	0.039375	INFINITY

El rango de variación permisible del lado derecho de las restricciones se calcula genéricamente como:

Rango Superior de Bi = Bi original + Incremento Permisible.

Rango Inferior de Bi = Bi original – Decremento Permisible.

Por ejemplo, en la segunda restricción (R_PB) el nivel de PB del concentrado puede variar entre 37.37% (38 – 0.63 = 37.37) y 51.29% (38 + 13.29 = 51.29) que la solución actual sigue siendo factible aunque no óptima, es decir mientras el nivel de PB deseado del concentrado se mantenga dentro del rango de variación permisible se podrá con los ingredientes que integran la solución actual (X2, X3 y X4) reformular el concentrado (volver a resolver el problema) y lograr el nuevo nivel de PB especificado sin que cambien los ingredientes de la mezcla original, aunque sí cambiarán sus proporciones. Para las demás restricciones se puede seguir un razonamiento similar.

El rango de variación de los coeficientes Bi de las restricciones ayuda a descubrir hasta que límite se puede modificar la fórmula de un pienso sin tener que incluir nuevos ingredientes, pero dicho rango de variación adquiere aún más importancia cuando se lo combina con el análisis de los **valores duales de las restricciones** como se verá en la siguiente sección.

4.6 Valores Duales o Precios Sombra.

Los **precios sombra** (SHADOW PRICE), **precios duales** (DUAL PRICE) **o valores duales** (DUAL VALUE) de las restricciones representan el **valor unitario de un recurso** (coeficientes Bi), es decir, proporcionan el cambio en la función objetivo ocasionado por un aumento o una disminución en una unidad en la disponibilidad de un recurso (lado derecho de las restricciones). Pero hay que tener en cuenta que el precio dual de una restricción es válido solo mientras el correspondiente recurso Bi aumente o disminuya dentro de su correspondiente rango de variación permisible, tal como se expuso en el punto anterior.

Para el ejemplo presentado en el capítulo anterior, LINGO presenta los siguientes valores duales:

Row	Slack or Surplus	Dual Price
R_MS	0.000000	0.218750
R_PB	0.000000	-0.016562
R_UREA	0.000000	4.074687
R_HSOJA	0.039375	0.000000

Si bien todos los paquetes informáticos para un mismo problema brindan los mismos valores absolutos de los precios duales, suelen diferir a veces en el signo (positivo o negativo) de dichos valores según el tipo de interpretación que le quieran brindar, este es el caso por ejemplo de LINGO. Este paquete informático usa una convención de signos distinta a la forma estándar, para los problemas de minimización los precios duales que presentan son el negativo de los valores estándar.

En la siguiente tabla se presentan cuales deben ser los valores duales de las restricciones en su forma convencional, los cuales varían según el sentido de la optimización (minimización o maximización) y el tipo de restricción:

Tipo de restricción	MINIMIZACION	MAXIMIZACION
≤	Valor DUAL ≤ 0	Valor DUAL ≥ 0
=	Valor DUAL no restringido en el signo	Valor DUAL no restringido en el signo
≥	Valor DUAL ≥ 0	Valor DUAL ≤ 0

Para darle una interpretación más general, de aquí en adelante los valores duales presentados por LINGO para los casos de minimización se multiplicarán por menos uno (-1) para convertirlos en valores estándares, para el caso de una maximización esta corrección no es necesaria pues ya son dados en la forma convencional. Al multiplicar por -1 los precios duales presentados por LINGO se transforman en:

Row	Slack or Surplus	Dual Price (forma convencional)
R_MS	0.000000	-0.218750
R_PB	0.000000	0.016562
R_UREA	0.000000	-4.074687
R_HSOJA	0.039375	0.000000

Los precios duales presentados en la forma convencional dan directamente cuanto aumenta (dual positivo) o disminuye (dual negativo) el valor de la función objetivo por aumentar en una unidad el lado derecho de las restricciones. Por ejemplo, como se vio en la sección anterior, la segunda restricción del modelo (R_PB) tiene un requerimiento de 38% de PB y un rango de variación permisible de entre 37.37% y 51.29%, con un valor dual para esta restricción de +0.016562, esto significa que por cada unidad que aumenten los requerimientos de PB el costo del pienso aumentará (dual positivo) en 0.016562 U$S/Kg MS, siempre y cuando el aumento efectuado sitúe los requerimientos de PB del concentrado entre 37.37% y 51.29% que es el rango de variación permitido para esta restricción. Para el caso de la tercera restricción (R_UREA), con un precio dual negativo (-4.074687), el aumento en una unidad en el lado derecho de la restricción disminuirá el valor de la función objetivo en U$S 4.074687, siempre y cuando como se mencionó anteriormente el aumento en el lado derecho de la restricción se encuentre dentro de su rango de variación permitido. Pero la inversa también es válida, si en vez de aumentar se disminuye el lado derecho de las restricciones se producirá el efecto contrario a los casos anteriores, se reducirá el valor de la función objetivo si el valor dual es positivo y lo aumentará si el valor dual es negativo.

Téngase en cuenta que siempre que las variables SLACK/SURPLUS de una restricción posean valores diferentes a cero su correspondiente valor dual siempre será cero, esto es así porque al existir holgura o superávit en una restricción significa que su recurso no es escaso y por lo tanto aumentarlo o disminuirlo dentro de su rango de variación permisible no ocasiona ningún cambio en el valor de la función objetivo. Las restricciones con recursos no escasos (con SLACK/SURPLUS diferentes a cero) se denominan **restricciones de no atadura** o **restricciones redundantes** porque no ejercen ningún efecto restrictivo real en el problema, si se eliminan del modelo y se lo vuelve a resolver no se altera la solución óptima original.

Nótese que matemáticamente las variables SLACK/SURPLUS son siempre no negativas pero al referirse a sus valores en la solución aquí se prefirió usar el término diferente de cero en vez de mayor o igual a cero como sería lo estrictamente correcto porque algunos paquetes informáticos, como por ejemplo MPL/CPLEX, por convención muestran los valores de las variables de holgura con signo positivo y las de superávit con signo negativo para hacer mas gráfico sus significados, ya que a ambos grupos de variables las presenta bajo el nombre genérico de SLACK.

Los precios duales son de gran utilidad, por ejemplo, porque permiten conocer rápidamente cuanto cambiará el costo del pienso formulado por aumentar o disminuir la concentración de algún nutriente o ingrediente sin tener que replantear el modelo y resolverlo nuevamente. Los **precios duales** representan el **costo de oportunidad de los recursos,** en la sección siguiente se les dará una aplicación más amplia.

4.7 Cambios en los coeficientes *Aij*.

Los precios duales juegan un rol fundamental en determinar si una variable es atractiva o no para integrar la solución óptima de un problema, si para la j-esima variable se cumple que:

Cj – (A1j * D1 + A2j * D2 + … + Amj * Dm) ≤ 0

Donde:

Cj = coeficiente de la función objetivo de la j-esima variable.

Aij = coeficiente técnico de la j-esima variable en la i-esima restricción.

Di = valor dual de la i-esima restricción.

Entonces dicha variable puede entrar en la solución y mejorar (si el resultado de la ecuación anterior es < 0) o al menos no empeorar (si el resultado es = 0) el valor de la función objetivo. En otras palabras, el resultado de la ecuación anterior no es otra cosa que el costo reducido de la variable.

Costo Reducido de j = Cj - $\sum$(Aij * Di)

Introducción de una variable no básica.

En el ejemplo presentado en el capítulo anterior el afrechillo de trigo no integró la solución óptima (X1 = 0), si fuese de nuestro interés conocer por ejemplo que % de PB debería tener el afrechillo de trigo para tornarse económicamente competitivo basta plantear la ecuación anterior para X1 y despejar el coeficiente técnico correspondiente al % de PB (A_{21}). En el siguiente cuadro se presentan los coeficientes Cj de la función objetivo, los coeficientes técnicos Aij y los valores duales del problema:

	X1	**X2**	**X3**	**X4**	
Cj	0.145	0.510	0.245	0.460	**DUAL**
R_MS	1	1	1	1	-0,218750
R_PB	14	44	28	287	0,016562
R_UREA	0	0	0	1	-4,074687
R_HSOJA	0	1	0	0	0

Planteando la ecuación anterior para el caso del afrechillo de trigo (X1) quedaría como:

$0.145 - [1 * (-0.218750) + 14 * (0.016562) + 0 * (-4.074687) + 0 * (0)] \le 0$

Sustituyendo en la expresión anterior el % de PB (14%) del afrechillo de trigo por una variable a determinar quedaría como:

$0.145 - [1 * (-0.218750) + NuevaPB * (0.016562) + 0 * (-4.074687) + 0 * (0)] \le 0$

Realizando la operación distributiva:

$0.145 - 1 * (-0.218750) - NuevaPB * (0.016562) - 0 * (-4.074687) - 0 * (0) \le 0$

Y despejando el término correspondiente:

$NuevaPB = [0.145 + 1 * (0.218750) - 0 * (-4.074687) - 0 * (0)] / (0.016562) = 21.96$

El nuevo % de PB seria de 21.96%.

Como en este caso se trata de una minimización, el % de PB del afrechillo de trigo debería ser mayor o igual a 21.96% para tornarse económicamente competitivo y poder entrar en la solución, asumiendo que los demás parámetros del modelo no cambian. En el caso de una maximización la interpretación es a la inversa, es decir, el valor del coeficiente técnico Aij tendría que ser menor o igual al valor arrojado por la ecuación anterior para tornarse económicamente competitivo.

Introducción de una variable nueva.

Supongamos ahora que la empresa que fábrica piensos recibe una oferta por una partida especial de afrechillo de arroz (X5) con 16% de PB a un costo de 0.130 U$S/kg de MS y desea evaluar la conveniencia económica de incluirla en la mezcla, los coeficientes A_{i5} para este caso son [1, 16, 0, 0], planteada la ecuación correspondiente:

$0.130 - [1 * (-0.218750) + 16 * (0.016562) + 0 * (-4.074687) + 0 * (0)] = +0.083758$

Como el resultado obtenido (+0.083758) no cumple la condición de ser menor o igual a cero no es atractivo incluir la nueva partida de afrechillo de arroz (X5) en la mezcla, para conocer a que precio sería económicamente conveniente incluirla basta computar el segundo miembro de la ecuación anterior:

$[1 * (-0.218750) + 16 * (0.016562) + 0 * (-4.074687) + 0 * (0)] = 0.046242$

En este caso la nueva partida de afrechillo de arroz (X5) sería económicamente competitiva a un precio de 46.242 U$S/tonelada de MS.

4.8 Comentario Final.

Lo expuesto aquí en este capítulo y en el anterior es una breve introducción a la PL y a la interpretación económica de la misma, deliberadamente se prescindió del rigor matemático y de gran parte del léxico específico de la PL para hacer mas ameno el tema y porque no tiene sentido para los propósitos de este manual. Lo tratado aquí es un tema mucho más amplio y con profundas implicancias matemáticas y económicas. Para los lectores interesados en profundizar sobre el tema son especialmente recomendables obras como la de Hiller y Lieberman (2002) y Taha (1998) por lo ameno e ilustrativo de estos textos.

Capítulo 5

PROGRAMACION LINEAL

C) Optimos múltiples

5.1 Introducción.

Un problema de Programación Lineal (PL) puede tener más de una solución óptima, en consecuencia se dice que el problema posee **óptimos alternativos** u **óptimos múltiples**. Suele ser interesante explorar las diferentes soluciones óptimas alternativas de un problema pues si bien todas las soluciones arrojan el mismo valor de la función objetivo, no todas están necesariamente compuestas por las mismas variables, por lo tanto puede ser ventajoso en la práctica hacer preferencia por algunas de ellas sobre las otras. Por ejemplo, supóngase dos soluciones óptimas alternativas de un pienso, una incluye melaza líquida y la otra no, puede ser ventajoso preferir esta última porque la melaza líquida suele ser engorrosa de manejar a nivel de fábrica y generalmente requiere de equipos e instalaciones especiales para manipularla adecuadamente, lo mismo puede suceder con el cebo crudo o con alimentos muy aceitosos, o con ingredientes muy inestables que se oxidan fácilmente o que requieren un gran espacio físico de almacenamiento.

5.2 Detección de la existencia de óptimos alternativos.

En la sección 4.2 del capítulo anterior se mencionó que en un modelo de PL todas las **variables básicas** (variables que integran la solución) siempre tienen costo reducido cero, sin embargo la inversa no necesariamente es válida, es decir pueden existir **variables no básicas** (variables que no integran la solución) que posean **costo reducido cero**, esto significa que la solución óptima no es única y existen mas de una combinación de variables que dan el mismo valor óptimo a la función objetivo, en consecuencia se dice que existen **óptimos múltiples o alternativos**. Para un análisis mas profundo sobre los óptimos alternativos el lector puede consultar el texto de Paris (1991, Cap. 15).

5.3 Generación del conjunto de óptimos alternativos.

Computacionalmente las soluciones óptimas alternativas se pueden identificar fácil y eficientemente realizando interacciones adicionales sobre la tabla final del método Simplex, en las que cada vez se elije una variable no básica con costo reducido cero como variable básica entrante que irá a sustituir a la correspondiente variable básica saliente en la nueva solución óptima alternativa. Lamentablemente la mayoría de los paquetes informáticos cuando encuentran una solución óptima se detienen y no proporcionan las soluciones óptimas alternativas cuando éstas existen.

Para superar este inconveniente e intentar generar los óptimos alternativos vamos a proponer un **procedimiento empírico** basado en la resolución de un conjunto de problemas de PL asociados al modelo original que consiste básicamente en **forzar la entrada en la solución de las variables no básicas con costo reducido cero** mediante una **pequeña alteración en el valor de los coeficientes Cj** de la función objetivo.

Caso 1:

A modo de ejemplo vamos a formular un pienso proteico con un mínimo de 30% de proteína bruta y un máximo de 3% de urea, empleando como ingredientes afrechillo de trigo (X1), afrechillo de arroz (X2), harina de soja (X3), expeller de girasol (X4), urea (X5) y corn gluten feed (X6). El modelo se puede plantear como:

```
Minimizar  0.160*X1 + 0.140*X2 + 0.440*X3 + 0.280*X4 +
0.330*X5 + 290*X6
Sujeto a:
X1 + X2 + X3 + X4 + X5 + X6 = 1
16*X1 + 14*X2 + 44*X3 + 28*X4 + 287*X5 + 24*X6 ≥ 30
X5 ≤ 0.03
```

Obteniendo con LINGO la siguiente solución:

Variable	Value	Reduced Cost
X1	0.4808333	0.000000
X2	0.0000000	0.000000
X3	0.0000000	0.000000
X4	0.4891667	0.000000
X5	0.0300000	0.000000
X6	0.0000000	289.760000

Como se puede apreciar existen óptimos alternativos en este problema porque las variables X2 y X3 no integran la solución pero poseen costo reducido cero.

Para generar los óptimos alternativos vamos a **alterar levemente** con un factor aditivo muy pequeño (negativo en una minimización ej. λ = -0.00001 y positivo en una maximización ej. λ = +0.00001) los valores de los **coeficientes Cj** de cada una de las **variables de decisión con costo reducido cero independientemente si están o no en la solución.** Dichos **cambios se van haciendo de a una variable a la vez** de manera que se deben resolver tantos problemas de PL asociados como variables de decisión con costo reducido cero existan en la solución original. Los cambios en los valores de los coeficientes Cj deben ser lo mas pequeño posible para tratar de alterar lo menos posible la relación relativa original entre los diferentes coeficientes Cj, de lo contrario dicho procedimiento podría generar soluciones sesgadas que no son óptimos alternativos del problema original.

Para el ejemplo anterior se deben resolver los siguientes cinco problemas lineales asociados:

A) Minimizar **(λ+0.160)*X1** + 0.140*X2 + 0.440*X3 + 0.280*X4 + 0.330*X5 + 290*X6

B) Minimizar 0.160*X1 + **(λ+0.140)*X2** + 0.440*X3 + 0.280*X4 + 0.330*X5 + 290*X6

C) Minimizar 0.160*X1 + 0.140*X2 + **(λ+0.440)*X3** + 0.280*X4 + 0.330*X5 + 290*X6

D) Minimizar 0.160*X1 + 0.140*X2 + 0.440*X3 + **(λ+0.280)*X4** + 0.330*X5 + 290*X6

E) Minimizar 0.160*X1 + 0.140*X2 + 0.440*X3 + 0.280*X4 + **(λ+0.330)*X5** + 290*X6

Todos sujetos a las restricciones del problema original:

X1 + X2 + X3 + X4 + X5 + X6 = 1
16*X1 + 14*X2 + 44*X3 + 28*X4 + 287*X5 + 24*X6 ≥ 30
X5 ≤ 0.03

Obteniendo con LINGO las correspondiente cinco soluciones:

Solución	X1	X2	X3	X4	X5	X6
A	0.7603571	0.0000000	0.2096429	0.0000000	0.030	0
B	0.0000000	0.7096667	0.2603333	0.0000000	0.030	0
C	0.0000000	0.7096667	0.2603333	0.0000000	0.030	0
D	0.0000000	0.4121429	0.0000000	0.5578571	0.030	0
E	0.4808333	0.0000000	0.0000000	0.4891667	0.030	0

Luego de eliminar las soluciones que se repiten (solución C) y las que arrojan el mismo valor que la solución original (solución

E) obtenemos las cuatro **soluciones** (vértice) **óptimas alternativas** para el problema del ejemplo:

Solución	X1	X2	X3	X4	X5	X6
Original	0.4808333	0.0000000	0.0000000	0.4891667	0.030	0
A	0.7603571	0.0000000	0.2096429	0.0000000	0.030	0
B	0.0000000	0.7096667	0.2603333	0.0000000	0.030	0
D	0.0000000	0.4121429	0.0000000	0.5578571	0.030	0

Geométricamente toda solución óptima de PL siempre está asociada con un punto esquina o vértice del espacio de la solución. Las soluciones presentadas en el cuadro anterior son las soluciones óptimas alternativas vértice, en realidad existe una infinidad de soluciones óptimas alternativas y cualquier combinación convexa de estas soluciones es también una solución óptima alternativa, por ejemplo si con los valores del cuadro anterior planteamos:

X1 = 0.4808333*W1 + 0.7603571*W2 + 0*W3 + 0*W4

X2 = 0*W1 + 0*W2 + 0.7096667*W3 + 0.4121429*W4

X3 = 0*W1 + 0.2096429*W2 + 0.2603333*W3 + 0*W4

X4 = 0.4891667*W1 + 0*W2 + 0*W3 + 0.5578571*W4

X5 = 0.030*W1 + 0.030*W2 + 0.030*W3 + 0.030*W4

Y además se cumple la condición de convexidad en la que los pesos de ponderación Wj deben ser no negativos y sumar entre todos ellos la unidad:

W1 + W2 + W3 + W4 = 1

Haciendo por ejemplo W1 = W2 = W3 = W4 = 0.25 arroja la siguiente solución óptima alternativa: X1=0.3102976, X2=0.2804524, X3=0.11749405, X4=0.26175595 y X5=0.030. Mientras que haciendo W1=W4=0.5 y W2=W3=0 arroja la solución: X1 = 0.24041665, X2=0.20607145, X3=0, X4=0.5235119 y X5=0.030 que también es un óptimo alternativo, de esta manera haciendo variaciones paramétricas en los valores de los coeficientes Wj se pueden obtener una infinidad de soluciones óptimas alternativas.

Caso 2:

Considérese el siguiente ejemplo trivial donde se desea maximizar el empleo de dos partidas diferentes de maíz para formar una mezcla final de 30 toneladas. Por razones de calidad la partida uno (X1) debe ingresar como mínimo a razón de 10 toneladas en la solución final y la partida dos (X2) debe ingresar como mínimo a razón de 15 toneladas. El problema se puede plantear como:

```
Maximizar  X1 + X2
Sujeto a:
[R1]  X1 + X2 = 30
[R2]  X2  ≥ 10
[R3]  X2  ≥ 15
```

Resolviendo el modelo con LINGO arroja el siguiente resultado:

Variable	Value	Reduced Cost
X1	10.00000	0.000000
X2	20.00000	0.000000
Row	Slack or Surplus	Dual Price
R1	0.000000	1.000000
R2	0.000000	0.000000
R3	5.000000	0.000000

Examinado éste resultado aparentemente no existen óptimos alternativos para este problema, pues ambas variables de decisión se encuentran en la solución y por lo tanto aparentemente no existen variables fuera de la solución con costo reducido cero. Pero como se mencionó en la sección 4.3 del capítulo anterior las restricciones del tipo menor o igual y del tipo mayor o igual están asociadas a dos tipos especiales de variables denominadas variables de **Holgura (Slack)** y de **Superávit (Surplus)** respectivamente. Si observamos detenidamente en la tabla de resultados en la columna Slack/Surplus de la segunda restricción (R2) veremos que su correspondiente variable de superávit posee valor cero en la solución y un **Valor Dual (Dual Price)** igual a cero, lo cual puede ser un indicativo que existen óptimos alternativos. En realidad los **Valores Duales o Pecios Duales** de las **variables Slack/Surplus** no son otra cosa que el **Costo Reducido** de dichas variables.

Aplicando la misma metodología del *Caso 1* para encontrar los óptimos alternativos obtenemos las siguientes soluciones:

Solución	X1	X2
Original	10	20
A	15	15
B	10	20

De las cuales las dos primeras son óptimos alternativos ya que la última solución (B) es idéntica a la solución original.

Por otro lado, como se mencionó anteriormente una variable Slack/Suplus puede tener valor cero y Dual cero en la solución y no existir óptimos alternativos, lo cual se puede comprobar en el siguiente ejemplo:

```
Minimizar   90*X1 + 440*X2
Sujeto a:
[R_MS]    X1 +    X2  = 1
[R_PB]   9*X1 + 44*X2 >= 16
[R_ADF] 7*X1 + 10*X2 <= 7.6
```

En este caso existe una única solución óptima con X1=0.80 y X2=0.20, con la restricción R_ADF con Slack = 0 y Dual = 0.

Empíricamente se podría concluir que para que existan **óptimos alternativos** para una variable **Slack = 0 con Dual = 0** en la solución el **Decremento Permisible (Allowable Decrease)** de dicha variable debe ser diferente a cero mientras que para una variable **Surplus = 0 con Dual = 0** el **Incremento Permisible**

(Allowable Increase) de dicha variable debe ser diferente a cero. De lo contrario si los correspondientes decrementos/incrementos permisibles son igual a cero no existirían óptimos alternativos.

Capítulo 6

PROGRAMACION LINEAL

D) Trucos de modelado

Los tres capítulos anteriores se desarrollaron en base a un ejemplo sencillo de formulación de un pienso, en este capítulo se discutirán relaciones entre variables y restricciones mucho mas complejas que las presentadas hasta el momento. En este capítulo se presentarán algunos "trucos" útiles que facilitarán el plateo de una gran variedad de problemas de Programación Lineal (PL).

6.1 Cambio en el sentido de la optimización.

Cualquier problema de maximización se puede convertir en uno de minimización y viceversa, simplemente multiplicando los coeficientes de la función objetivo por menos uno (-1).

Maximizar $2 * X_1 + 3 * X_2 - X_3$

Al multiplicar por -1 la función objetivo anterior se convierte en:

Maximizar - 2 * X1 - 3 * X2 + X3

Que es equivalente a minimizar la función objetivo original:

Minimizar 2 * X1 + 3 * X2 - X3

6.2 Trasformación de igualdades en desigualdades.

Cualquier restricción en forma de igualdad se puede descomponer en dos restricciones de desigualdad equivalentes.

X1 + X2 = 3

Equivale a:

X1 + X2 ≤ 3

X1 + X2 ≥ 3

6.3 Transformación de desigualdades en igualdades.

Las restricciones de desigualdades pueden convertirse en ecuaciones de igualdad añadiendo variables de holgura o de superávit según el tipo de restricción de la cual se trate.

X1 + X2 ≤ 5

X1 + X2 ≥ 3

Son equivalentes a:

X1 + X2 + Xh = 5

X1 + X2 - Xs = 3

Donde Xh y Xs son variables de holgura (SLACK) y de superávit (SURPLUS) respectivamente.

6.4 Cambio en la dirección de una desigualdad.

Se puede cambiar el signo de cualquier restricción de desigualdad multiplicando ambos lados de la restricción por menos uno (-1) e invirtiendo el sentido de la desigualdad.

X1 - X2 + X3 ≤ 5

X1 - X2 + X3 ≥ 3

Son equivalentes a:

-X1 + X2 – X3 ≥ -5

-X1 + X2 – X3 ≤ -3

6.5 Transformación del lado derecho de las restricciones en no negativos.

En un modelo de PL el lado derecho de las restricciones (coeficientes Bi) no puede tomar valores negativos. Si algún coeficiente Bi tiene que tomar un valor negativo en el modelo basta multiplicar ambos lados de la restricción por menos uno (-1) e invertir el signo de la restricción.

$-X1 - X2 \geq -8$

$-X1 - X2 + X3 = -5$

$-X1 - X2 + X3 \leq -2$

Equivalen a:

$X1 + X2 \leq 8$

$X1 + X2 - X3 = 5$

$X1 + X2 - X3 \geq 2$

6.6 Transposición de términos.

Por convención, toda restricción debe poseer todas las variables del lado izquierdo y todas las constantes del lado derecho, si en el planteo de alguna restricción esto no se cumple basta pasar el o los términos correspondientes al lado inverso con el signo cambiado.

$X1 \geq X2 + X3$

$X1 + X2 - 140 = X3 + 10$

$X3 - 10 \leq 0$

Equivalen a:

$$X1 - X2 - X3 \geq 0$$

$$X1 + X2 - X3 = 150$$

$$X3 \leq 10$$

Nota: Los lenguajes de modelado matemático como LINGO y MPL permiten en la formulación de los modelos de PL la existencia de variables de decisión en el lado derecho de las restricciones y coeficientes Bi negativos ya que detectan y realizan en forma automática las transformaciones pertinentes. Para no perder la generalidad, a lo largo de este texto los modelos de PL serán presentados en la forma convencional.

6.7 Multiplicación o división de la función objetivo o de una restricción por una constante.

Multiplicar o dividir la función objetivo o ambos lados de una restricción por una constante no altera la solución, la restricción:

$$50 * X1 + 70 * X2 - 10 * X3 \geq 300$$

Dividida por 10 equivale a:

$$5 * X1 + 7 * X2 - X3 \geq 30$$

6.8 División de una variable por una constante.

La división de una variable (X) por una constante (k) equivale a la multiplicación de dicha variable por la inversa de la constante (1/k*X), por ejemplo:

$$\frac{10 * X1 + X2}{2} + \frac{X3}{5} + X4 \leq 8$$

Equivale a la restricción:

(10*1/2)*X1 + (1/2)*X2 + (1/5)*X3 + X4 ≤ 8

Luego de reducir los términos apropiadamente se transforma en:

5 * X1 + 0.5 * X2 + 0.2 * X3 + X4 ≤ 8

6.9 Bloqueo de actividades.

Las restricciones de bloqueo sirven para excluir fácilmente de un modelo una o más variables sin tener que volver a reformular el modelo, por ejemplo si en un determinado modelo se pretende que no ingresen en la solución las variables X1, X3 y X6 basta agregar la siguiente restricción:

X1 + X3 + X6 = 0

Nótese que independientemente del número de variables a excluir, solo se requiere una restricción de bloqueo por modelo.

6.10 Variables no restringidas en el signo.

Una variable no restringida en el signo puede ser sustituida por la diferencia de dos nuevas variables no negativas, por ejemplo si la variable Xj es no restringida en el signo puede ser sustituida en el modelo por:

Xj = Pj – Nj

Siendo Pj ≥ 0 y Nj ≥ 0, donde Pj representa la parte positiva de Xj y Nj su parte negativa.

Por ejemplo, considérese el siguiente problema:

```
Maximizar 20*X1 + 15*X2 - 25*X3

Sujeto a:

25*X1  +  2*X2  +  X3  =  200

                   X3  ≥ - 10
```

Donde X1 y X2 son no negativas y X3 es no restringida en el signo.

Sustituyendo X3 por P3 – N3 en el modelo anterior, la función objetivo quedaría como:

Maximizar 20 * X1 + 15 * X2 - 25 * (P3 - N3)

Luego de reducir los términos se transforma en:

Maximizar $20 * X1 + 15 * X2 - 25 * P3 + 25 * N3$

La primera restricción equivale a:

$25 * X1 + 2 * X2 + P3 - N3 = 200$

Y la última restricción:

$P3 - N3 \geq -10$

Luego de multiplicarla por menos uno (-1) para eliminar el lado derecho negativo se transforma en:

$-P3 + N3 \leq 10$

En resumen, el modelo completo quedaría como:

```
Maximizar   20*X1 + 15*X2   - 25*P3 + 25*N3

Sujeto a:

25*X1 + 2*X2   + P3 - N3  =  200

-P3 + N3 <=  10
```

Donde todas las variables son no negativas.

La solución del modelo es:

$X1 = 0, \ X2 = 105, \ P3 = 0 \ y \ N3 = 10$

Y el valor de X3 se calcula como:

$X3 = P3 - N3 = 0 - 10 = -10$

Que es el mismo resultado (X1=0, X2=105, X3= -10) obtenido por LINGO en el modelo original.

Generalmente en la práctica este tipo de transformación no es necesario realizarlo en forma manual porque la mayoría de los paquetes informáticos de PL contemplan el empleo de variables no restringidas en el signo y realizan la sustitución en forma automática. En LINGO una variable no restringida en el signo se declara con la sentencia @FREE tal como se describió en la sección 3.6 del capítulo tres.

6.11 Actividades con cota superior e inferior.

En la formulación de raciones y piensos es común por razones nutricionales, de stock, de manejo, etc. imponer límites en los niveles de los nutrientes y de ciertos ingredientes.

Por ejemplo, si contamos con afrechillo de arroz (X1), afrechillo de trigo (X2), maíz (X3), harina de soja (X4) y expeller de girasol (X5), luego de escribir la restricción de balance:

$X1 + X2 + X3 + X4 + X5 = 1$

Fácilmente podemos imponer que:

- El afrechillo de arroz no supere el 15% de la mezcla, que el afrechillo de trigo no supere el 25% y que ambos juntos no superen el 35% del concentrado:

$X1 \leq 0.15$

$X2 \leq 0.25$

$X1 + X2 \leq 0.35$

- El expeller de girasol integre entre un 10 y 50% de la mezcla:

$X5 \geq 0.10$

$X5 \leq 0.50$

- La cantidad del los ingredientes energéticos (afrechillos y maíz) no supere la cantidad de los ingredientes proteicos (soja y girasol):

$X1 + X2 + X3 \leq X4 + X5$

Luego de transponer los términos en la expresión anterior se convierte en la restricción:

$X1 + X2 + X3 - X4 - X5 \leq 0$

- El contenido de maíz sea igual al de expeller de girasol:

X3 = X5

Que equivale a la restricción:

X3 - X5 = 0

- El contenido proteico del concentrado posea un mínimo de 30% y un máximo de 38% de PB:

14*X1 + 14*X2 + 8*X3 + 44*X4 + 28*X5 ≥ 30

14*X1 + 14*X2 + 8*X3 + 44*X4 + 28*X5 ≤ 38

Donde el coeficiente que precede a cada variable en estas restricciones corresponde al porcentaje de PB de su respectivo alimento.

6.12 Actividades de trasferencia.

Una actividad de transferencia no es una actividad real, es un artificio para transferir el valor de unas variables a otras.

Por ejemplo, si representamos con X1 al maíz (0.03% Ca, 0.32% P) y con X2 a la harina de soja (0.29% Ca, 0.71% P) el contenido de calcio (Ca) y fósforo (P) de la mezcla de ambos ingredientes se calcula como:

Ca = 0.03 * X1 + 0.29 * X2

P = 0.32 * X1 + 0.71 * X2

Que en forma de restricción se escribe como:

```
0.03 * X1 + 0.29 * X2 - Ca = 0

0.32 * X1 + 0.71 * X2 - P  = 0
```

En la solución final, las variables Ca y P contendrán respectivamente el contenido de calcio y fósforo de la mezcla, pues mediante las restricciones anteriores se les transfiere el aporte que hace cada uno de los ingredientes en estos nutrientes.

Las restricciones de transferencia además de ser necesarias en muchos problemas, en general le brindan mayor claridad al planteo de los modelos y facilitan ciertas manipulaciones algebraicas de las restricciones como se verá en el siguiente ejemplo y en la siguiente sección.

El ejemplo presentado en la sección 3.3 del capítulo tres se modeló para formular 1 kg de MS de pienso, mediante el empleo de actividades de transferencia se lo puede plantear en forma genérica para formular cualquier cantidad de MS multiplicando el lado derecho de todas las restricciones del modelo original por la variable de transferencia TOTAL y luego realizando la correspondiente transposición de términos, por último se agrega una restricción adicional que iguale la variable TOTAL a la cantidad deseada. Por ejemplo, para formular 4500 kg de pienso el modelo quedaría como:

```
Minimizar  0.145*X1 + 0.510*X2 + 0.245*X3 + 0.460*X4

Sujeto a:

X1 + X2 + X3 + X4 - TOTAL =  0

14*X1 + 44*X2 + 28*X3 + 287*X4 - 38*TOTAL >= 0

X4 - 0.03*TOTAL <= 0

X2 - 0.10*TOTAL >= 0

TOTAL = 4500
```

6.13 Proporciones o Ratios.

Es común que los nutricionistas impongan en las raciones y piensos ciertas relaciones entre los nutrientes y/o ingredientes, como por ejemplo determinada relación calcio:fósforo, nitrógeno:azufre, forraje:concentrado, etc.

Por ejemplo, si contamos con maíz (X1), harina de soja (X2) y urea (X3) como ingredientes y deseamos que el aporte de PB que realiza la urea no supere un tercio de la PB total del concentrado, matemáticamente podríamos expresarlo como:

$$\frac{287 * X3}{8 * X1 + 44 * X2 + 287 * X3} \leq 0.33$$

Lo cual exige cierta manipulación algebraica para reducir los términos:

287 * X3 ≤ 0.33 * (8 * X1 + 44 * X2 + 287 * X3)

287 * X3 ≤ 2.64 * X1 + 14.52 * X2 + **94.71 * X3**

287 * X3 - 2.64 * X1 - 14.52 * X2 - **94.71 * X3** ≤ 0

Lo cual equivale a la restricción:

- 2.64 * X1 - 14.52 * X2 + **129.29 * X3** ≤ 0

La cual difiere bastante del planteo matemático original y a simple vista no nos dice mucho.

Una segunda forma de abordar la relación entre actividades, más sencilla y clara, es mediante el empleo de las restricciones de transferencia presentadas en el punto anterior, matemáticamente el problema lo podríamos expresar como:

PB_Total = 8 * X1 + 44 * X2 + 287 * X3

PB_Urea = 287 * X3

$$\frac{PB\_Urea}{PB\_Total} \leq 0.33$$

Estas expresiones equivalen a las restricciones:

```
8 * X1 + 44 * X2 + 287 * X3  - PB_Total  =  0

                  287 * X3  - PB_Urea    =  0

        PB_Urea  - 0.33 * PB_Total  ≤  0
```

Estas últimas restricciones son mucho mas fáciles de escribir y mucho mas intuitivas de interpretar que el primer abordaje presentado al inicio de esta sección.

Siguiendo con el ejemplo, ahora utilizaremos las restricciones de transferencia de calcio y fósforo presentadas en el punto anterior:

```
0.03 * X1 + 0.29 * X2  - Ca = 0

0.32 * X1 + 0.71 * X2  - P  = 0
```

Para establecer en la mezcla una relación calcio:fósforo menor igual a 2:1 y mayor igual a 1:1 matemáticamente se puede expresar como:

Ca / P ≤ 2

Ca / P ≥ 1

Que equivalen a las restricciones:

```
Ca  - 2 * P  ≤  0

Ca  -     P  ≥  0
```

Capítulo 7

PROGRAMACION LINEAL

E) Construcción de modelos

En este capítulo se brindarán algunos ejemplos de modelos de Programación Lineal (PL) que usualmente se emplean en la industria elaboradora de raciones y piensos.

7.1 Homogenización de partidas de ingredientes.

Es frecuente que las plantas elaboradoras de raciones y piensos posean en stock diferentes partidas de un mismo ingrediente, ya sea porque se adquirieron en diferentes momentos o a diferentes proveedores. En ocasiones, existen ciertas partidas que no cumplen con los estándares de calidad, ya sea por poseer exceso de humedad, contaminación con hongos o micotoxinas, indicios de rancidez, contaminación con semillas de malezas, etc. o simplemente porque poseen una composición bromatológica muy diferente a la esperada. Las partidas de ingredientes de "mala calidad" para poder ser utilizadas suelen mezclarse (diluirse) con partidas de buena calidad hasta lograr el estándar de calidad deseado.

Caso 1.

Por ejemplo, si las variables Maiz1 y Maiz2 representan dos partidas diferentes de maíz con 12 y 16.5% de humedad respectivamente y el umbral máximo de humedad permitido es de 14% el problema puede ser planteado como:

```
Maximizar          Maiz2

Sujeto a:

    Maiz1  +         Maiz2  =   1

12 * Maiz1  +  16.5 * Maiz2  <=  14
```

La solución a este problema es Maiz1=0.556 y Maiz2=0.444, por lo cual se deben mezclar 556 kg de maíz bajo en humedad con 444 kg de maíz con alta humedad para obtener una nueva partida con un máximo de 14% de humedad. Nótese que se maximizó la cantidad de Maiz2 en la mezcla para tratar de consumir lo más rápidamente posible la partida con exceso de humedad, los granos con exceso de humedad son propensos a la proliferación de hongos y micotoxinas, especialmente si son almacenados por largos períodos de tiempo y en ambientes cálidos y húmedos.

Caso 2.

Otra variante del caso anterior es tratar a cada partida de maíz como si fuese un ingrediente diferente y agregar la restricción adicional que especifique que el contenido de humedad del pienso no supere el 14%. Para forzar la entrada de la mayor cantidad posible del maíz con alta humedad en la solución se le puede asignar artificialmente en la función objetivo un costo cero, obviamente luego de obtenida la solución se debe multiplicar la cantidad de maíz con alta humedad que integra el pienso por su verdadero costo para conocer el costo real del pienso formulado.

7.2 Formulación de varios piensos en un mismo modelo.

Las fábricas de raciones y piensos normalmente elaboran diferentes mezclas y es común que muchas de ellas tengan ciertas características en común y por lo tanto compartan la misma lista de posibles ingredientes.

A) *Modelo con Múltiples Fórmulas.*

Es posible en un mismo modelo introducir las especificaciones de varios piensos con características similares que comparten la misma lista de ingredientes. La estructura general del modelo es:

Minimizar $\sum C_j * X_j$

Sujeto a:

$\sum A_{ij} * X_j \leq, =, \geq B_{i_1} * P1 + B_{i_2} * P2 + \ldots + B_{i_k} * Pk$

$$1 = \varphi * P1 + \varphi * P2 + \ldots + \varphi * Pk$$

Donde:

C_j = costo por unidad del j-esimo ingrediente.

X_j = cantidad del j-esimo ingrediente.

A_{ij} = i-esimo nutriente que aporta el j-esimo ingrediente.

Pk = variable que representa al k-esimo pienso.

B_{i_k} = i-esimo requerimiento nutricional del k-esimo pienso.

φ = constante numérica que toma el valor 1 en la variable que representa el pienso a formular y cero en todas las otras variables de la restricción.

Por ejemplo, tomando la composición de los ingredientes empleados en la formulación del pienso que se presentó como ejemplo en el capítulo tres ($X1$= afrechillo de trigo, $X2$= harina de soja, $X3$= expeller de girasol, $X4$= urea) se formularán cuatro piensos (P16, P18, P30, P38) con las siguientes características:

	P16	P18	P30	P38
Mínimo de PB	16%	18%	30%	38%
Máximo de Urea	1%	---	3%	3%
Mínimo de H. Soja	---	10%	---	10%

Matemáticamente el problema se puede expresar como:

```
Minimizar  0.145*X1 + 0.510*X2 + 0.245*X3 + 0.460*X4
```

Sujeto a:

```
X1 + X2 + X3 + X4 = 1
```

```
1 = 0*P16 + 0*P18 + 0*P30 + 1*P38
```

```
14*X1 + 44*X2 + 28*X3 + 287*X4   ≥   16*P16 + 18*P18 +
30*P30 + 38*P38
```

```
X4 ≤ 0.01*P16 + 0.03*P30 + 0.03*P38
```

```
X2 ≥ 0.10*P18 + 0.10*P38
```

Luego de reordenar los términos apropiadamente, el planteo anterior se transforma en el siguiente modelo de PL:

```
Minimizar  0.145*X1 + 0.510*X2 + 0.245*X3 + 0.460*X4
```

Sujeto a:

```
X1 + X2 + X3 + X4 = 1
```

```
0*P16 + 0*P18 + 0*P30 + 1*P38 = 1
```

```
14*X1 + 44*X2 + 28*X3 + 287*X4 - 16*P16 - 18*P18 - 30*P30
- 38*P38   >= 0

X4 - 0.01*P16 - 0.03*P30 - 0.03*P38 <= 0

X2 - 0.10*P18 - 0.10*P38 >= 0
```

Donde la primera restricción es la clásica ecuación de balance y la segunda restricción establece cual de los cuatro piensos se desea formular (obviamente que en este tipo de modelo solo se puede formular un pienso a la vez), nótese que en este caso el problema está planteado para formular el pienso con 38% de PB (P38) pues el único coeficiente diferente de cero en la segunda restricción es el de la variable P38, en realidad esta restricción no es otra cosa que otra variante del bloqueo de actividades descrito en la sección 6.9. La tercera, cuarta y quinta restricción establecen respectivamente los requerimientos de proteína, urea y harina de soja de los diferentes piensos.

La solución a este problema para los diferentes piensos es:

	P16	P18	P30	P38
Costo (U$S/Kg)	0.147	0.189	0.210	0.288
X1	0.993	0.829	0.412	0
X2	0	0.100	0	0.139
X3	0	0.071	0.558	0.831
X4	0.007	0	0.030	0.030

Nótese que la composición del pienso P38 es la misma que la obtenida en el capitulo tres ya que el planteo de ambos piensos son idénticos.

B) Modelo de Multi-Formulación.

La Multi-Formulación (**Multiblend feed formulation**) consiste en formular simultáneamente varios piensos a la vez, este tipo de modelo se hace necesario cuando existen limitantes en el suministro de materia prima, en la capacidad de producción de la planta o en cualquier otro componente de la producción, consiste en asignar recursos limitados a diferentes productos alternativos. Por ejemplo, se puede incorporar en el modelo restricciones que especifiquen la cantidad de materia prima que hay en stock, la disponibilidad de materia prima en el mercado, estimar las cantidades de ingredientes que es necesario adquirir para satisfacer la demanda de los diferentes piensos, la capacidad de almacenamiento de la planta, etc.

A modo de ejemplo se formularán dos piensos, uno con 18 a 21% PB y otro con 30 a 38% PB, empleando dos ingredientes: maíz (250 U\$S/Ton MS, 8% PB) y harina de soja (510 U\$S/Ton MS, 44% PB). En el modelo los prefijos M y HS en el nombre de las variables hacen referencia al maíz y a la harina de soja respectivamente.

El objetivo del modelo es minimizar la compra total de materia prima:

Minimizar 250 * Mcompra + 510 * HScompra

Se cuenta con un stock inicial de 10 toneladas de maíz y 50 toneladas de harina de soja:

Mstock = 10

HSstock = 50

Y existe una demanda de 30 toneladas para el **pienso 1** (18 a 21% PB) y de 40 toneladas para el **pienso 2** (30 a 38% PB):

Total1 = 30

Total2 = 40

Se supone que al momento de formular los piensos existe en el mercado disponibilidad ilimitada de harina de soja pero no de maíz, solo se pueden adquirir como máximo 21 toneladas de maíz.

Mcompra ≤ 21

HScompra ≥ 0

La suma de la cantidad de maíz (M1) y de harina de soja (HS1) que componen el **pienso 1** tiene que ser igual a la demanda total del mismo (Total1):

M1 + HS1 = Total1

El contenido de proteína del pienso 1 se calcula como:

$$PB1 = 0.08 * M1 + 0.44 * HS1$$

Y el pienso debe poseer un mínimo de 18% y un máximo de 21% de PB:

$$PB1 / Total1 \geq 0.18$$

$$PB1 / Total1 \leq 0.21$$

Una deducción similar sobre el planteo del pienso 1 se puede hacer para el **pienso 2** (mínimo 30% y máximo 38% de PB):

$$M2 + HS2 = Total2$$

$$PB2 = 0.08 * M2 + 0.44 * HS2$$

$$PB2 / Total2 \geq 0.30$$

$$PB2 / Total2 \leq 0.38$$

La cantidad total de maíz (Mpienso) y de harina de soja (HSpienso) empleada en la elaboración de ambos piensos es la suma total de la cantidad de maíz y de harina de soja respectivamente empleados para fabricar los piensos 1 y 2:

$$Mpienso = M1 + M2$$

$$HSpienso = HS1 + HS2$$

La cantidad total de materia prima a comprar se determina como la diferencia entre la cantidad de materia prima utilizada en la formulación de ambos piensos y la cantidad existente en el stock inicial:

Mcompra = Mpienso - Mstock

HScompra = HSpienso - HSstock

Donde Mcompra y HScompra son variables no restringidas en el signo, esto es así porque si el stock inicial de materia prima es mayor a la cantidad de materia prima empleada en la formulación de ambos piensos la diferencia da un valor negativo.

Reordenando los términos el problema anterior se transforma en el siguiente modelo de PL:

```
Minimizar  250 * Mcompra + 510  * HScompra


Sujeto a:
    Mstock  = 10
    HSstock = 50

    Total1 = 30
    Total2 = 40
    Mcompra <= 21
    HScompra >= 0
```

```
         M1 +         HS1 - Total1 = 0

0.08 * M1 + 0.44 * HS1 - PB1     = 0

             PB1 - 0.18 * Total1 >= 0

             PB1 - 0.21 * Total1 <= 0


         M2 +         HS2 - Total2 = 0

0.08 * M2 + 0.44 * HS2 - PB2     = 0

             PB2 - 0.30 * Total2 >= 0

             PB2 - 0.38 * Total2 <= 0


  Mpienso  - M1  - M2  = 0

  HSpienso - HS1 - HS2 = 0


  Mcompra  - Mpienso  + Mstock  = 0

  HScompra - HSpienso + HSstock = 0
```

Donde Mcompra y HScompra son variables no restringidas en el signo.

Resolviendo el problema anterior con LINGO se obtiene como resultado:

```
Objective value:    -360.0000
```

Variable	Value	Reduced Cost
MCOMPRA	21.000000	0.000000
HSCOMPRA	-11.000000	0.000000
MSTOCK	10.000000	0.000000
HSSTOCK	50.000000	0.000000
TOTAL1	30.000000	0.000000
TOTAL2	40.000000	0.000000
M1	19.166666	0.000000
HS1	10.833333	0.000000
PB1	6.300000	0.000000
M2	11.833333	0.000000
HS2	28.166666	0.000000
PB2	13.340000	0.000000
MPIENSO	31.000000	0.000000
HSPIENSO	39.000000	0.000000

Este informe indica que para elaborar las 30 toneladas del pienso 1 (Total1) se necesitan 19.167 toneladas de maíz (M1) y 10.833 toneladas de harina de soja (HS1), mientras que para elaborar las 40 toneladas del pienso 2 (Total2) se necesitan 11.833 toneladas de maíz (M2) y 28.167 toneladas de harina de soja (HS2), necesitándose un total de 31 toneladas de maíz (Mpienso) y de 39 toneladas de harina de soja (HSpienso) para cubrir la demanda de ambos piensos, siendo necesario adquirir en el mercado 21 toneladas de maíz (Mcompra). Nótese que no es necesario comprar harina de soja (HScompra) porque el stock inicial es superior a la demanda total de ambos piensos por este ingrediente, esto se evidencia por el valor negativo de HScompra, en este caso el stock inicial de harina de soja excede por 11 toneladas a su demanda. Siendo el costo real de compra de materia prima de U$S 5250 (21 toneladas de maíz * 250 U$S/ton).

En este ejemplo, si se quieren eliminar las salidas del modelo con compras de materias primas negativas (como sería lo más lógico), se pueden modelar las dos últimas restricciones en una forma mas "blanda" (menos restrictiva):

Mcompra - Mpienso + Mstock ≥ 0

HScompra - HSpienso + HSstock ≥ 0

Donde ahora Mcompra y HScompra son variables continuas no negativas igual que las demás variables del modelo.

Se debe tener presente que en éste y en el siguiente modelo por razones de practicidad los coeficientes de los nutrientes se encuentran en **Kg de nutriente/Kg MS** y no en porcentaje como en los ejemplos anteriores, por ejemplo 44% PB equivale a 0.44 Kg PB/Kg MS.

C) Modelo de Formulación Multi-Período.

Es común que los alimentos sufran variaciones estacionales en su precio y en su disponibilidad como respuesta a su relativa escases en el mercado y la de sus sustitutos. Es posible en algunos casos sacar provecho de este hecho y adquirir la mayor cantidad posible de materias primas en los momentos de menor precio en el mercado, obviamente de acuerdo a la capacidad y al costo de almacenamiento que posee la planta y al período máximo que pueden ser almacenados los diferentes ingredientes.

Por ejemplo, supongamos que nos proponemos formular un pienso con un mínimo de 18% y un máximo de 21% de PB y un analista de mercado proyecta para los próximos tres meses la siguiente demanda por nuestro pienso y la variación en los precios de las materias primas:

Mes	Demanda (Toneladas de Pienso/Mes)	Maíz (U$S/Tonelada)	Harina de Soja (U$S/Tonelada)
1	80	235	510
2	120	250	450
3	100	250	510

Además, la fábrica cuenta actualmente con un stock de 15 toneladas de maíz y 25 toneladas de harina de soja y la capacidad máxima de almacenamiento de la planta es de 50 toneladas por mes. Se estima un costo variable de almacenamiento de 3 U$S/Tonelada de materia prima.

El problema se podría generalizar de la siguiente manera: para un determinado período (día, semana, mes, trimestre, etc.) se formula el pienso con la materia prima que se tiene en stock en dicho período y con la materia prima que se debe comprar en caso de faltante, además si es conveniente económicamente durante este período se compra materia prima para ser almacenada en stock y transferirla al período siguiente y así sucesivamente hasta completar todos los periodos proyectados.

En el modelo las siglas M y HS hacen referencia al maíz y a la harina de soja respectivamente. El objetivo del problema es minimizar el costo de fabricación del pienso y el costo total de almacenamiento:

Minimizar $235 * cM1 + 510 * cHS1$

$+ 250 * cM2 + 450 * cHS2$

$+ 250 * cM3 + 510 * cHS3$

$+ 3 * Stock0 + 3 * Stock1 + 3 * Stock2 + 3 * Stock3$

Donde cM y cHS representan respectivamente las compras de maíz y de harina de soja para los diferentes periodos (meses 1, 2 y 3) y Stock representa la cantidad de materia prima almacenada en cada periodo, el periodo cero corresponde al stock inicial.

Las demandas para los tres periodos (80, 120 y 100 toneladas de pienso) se pueden especificar como:

$Total1 = 80$

$Total2 = 120$

$Total3 = 100$

El stock inicial de maíz ($sM0= 15$ toneladas) y de harina de soja ($sHS0= 25$ toneladas) y la capacidad máxima de almacenamiento (50 toneladas) en los diferentes periodos (Stock 1, 2 y 3) se pueden expresar como:

$sM0 \leq 15$

$sHS0 \leq 25$

$Stock0 = sM0 + sHS0$

$Stock1 \leq 50$

$Stock2 \leq 50$

Stock3 ≤ 50

Nótese que las restricciones que establecen el stock inicial de maíz (sM0) y de harina de soja (sHS0) se modelaron en forma "blanda" (≤) y no como una igualdad para evitar que si se establece un stock inicial extremadamente alto se viole la restricción de la capacidad de almacenamiento del período siguiente y en consecuencia el problema no tenga solución.

Restricciones del período 1:

La compra de maíz en el periodo uno (cM1) se puede expresar como el maíz necesario para formular el pienso en dicho periodo (M1) más la cantidad de maíz comprado en éste período (sM1) para ser almacenado y luego transferido al período siguiente menos el stock de maíz del periodo anterior (sM0):

$$cM1 = M1 + sM1 - sM0$$

Una deducción similar se puede hacer para la compra de harina de soja en el periodo uno (cHS1):

$$cHS1 = HS1 + sHS1 - sHS0$$

El stock de materia prima en el período uno (Stock1) es la suma de la cantidad de maíz (sM1) y de harina de soja (sHS1) almacenados en dicho periodo:

$$Stock1 = sM1 + sHS1$$

La suma de la cantidad de maíz (M1) y de harina de soja (HS1) que componen el **pienso del período 1** tiene que ser igual a la demanda total del mismo (Total1):

M1 + HS1 = Total1

El contenido de proteína de dicho pienso se calcula como:

PB1 = 0.08 * M1 + 0.44 * HS1

Y el pienso debe poseer un mínimo de 18% y un máximo de 21% de PB:

PB1 / Total1 $\geq$ 0.18

PB1 / Total1 $\leq$ 0.21

Una deducción similar se puede hacer para los períodos dos y tres.

Restricciones del período 2:

La compra de maíz (cM2) y de harina de soja (cHS2) para el período dos y el stock de materia prima para dicho período (Stock2) se expresan como:

cM2 = M2 + sM2 – sM1

cHS2 = HS2 + sHS2 – sHS1

Stock2 = sM2 + sHS2

La formulación del **pienso para el período dos** se escribe como:

M2 + HS2 = Total2

PB2 = 0.08 * M2 + 0.44 * HS2

PB2 / Total2 ≥ 0.18

PB2 / Total2 ≤ 0.21

Restricciones del período 3:

La compra de maíz (cM3) y de harina de soja (cHS3) para el período tres y el stock de materia prima para dicho período (Stock3) se expresa como:

cM3 = M3 + sM3 – sM2

cHS3 = HS3 + sHS3 – sHS2

Stock3 = sM3 + sHS3

La formulación del **pienso para el período tres** se modela como:

M3 + HS3 = Total3

PB3 = 0.08 * M3 + 0.44 * HS3

PB3 / Total3 ≥ 0.18

PB3 / Total3 ≤ 0.21

Reordenando los términos del problema anterior se transforma en el siguiente modelo de PL:

```
Minimizar    235 * cM1 + 510 * cHS1
           + 250 * cM2 + 450 * cHS2
           + 250 * cM3 + 510 * cHS3
           + 3 * Stock0 + 3 * Stock1
           + 3 * Stock2 + 3 * Stock3
Sujeto a:


Total1 = 80
Total2 = 120
Total3 = 100


sM0    <= 15
sHS0   <= 25
sM0 + sHS0 - Stock0 = 0


Stock1 <= 50
Stock2 <= 50
Stock3 <= 50


! Restricciones del mes uno:
sM0  + cM1  - M1  - sM1  = 0
sHS0 + cHS1 - HS1 - sHS1 = 0
sM1  + sHS1 -    Stock1  = 0
```

```
         M1 +          HS1 - Total1 = 0

0.08 * M1 + 0.44 * HS1 - PB1     = 0

     PB1    - 0.18 * Total1  >= 0

     PB1    - 0.21 * Total1  <= 0


! Restricciones del mes dos:

sM1  + cM2  - M2   - sM2    = 0

sHS1 + cHS2 - HS2  - sHS2   = 0

sM2  + sHS2 -    Stock2     = 0


         M2 +          HS2 - Total2 = 0

0.08 * M2 + 0.44 * HS2 - PB2     = 0

     PB2    - 0.18 * Total2  >= 0

     PB2    - 0.21 * Total2  <= 0


! Restricciones del mes tres:

sM2  + cM3  - M3   - sM3    = 0

sHS2 + cHS3 - HS3  - sHS3   = 0

sM3  + sHS3 -    Stock3     = 0


         M3 +          HS3 - Total3 = 0

0.08 * M3 + 0.44 * HS3 - PB3     = 0

     PB3    - 0.18 * Total3  >= 0

     PB3    - 0.21 * Total3  <= 0
```

Resolviendo el problema anterior con LINGO se obtiene como resultado:

```
Objective value:        75670.00
```

Variable	Value	Reduced Cost
CM1	90.000000	0.000000
CHS1	0.000000	75.000000
CM2	39.444443	0.000000
CHS2	58.333332	0.000000
CM3	72.222221	0.000000
CHS3	0.000000	57.000000
STOCK0	40.000000	0.000000
STOCK1	50.000000	0.000000
STOCK2	27.777779	0.000000
STOCK3	0.000000	3.000000
TOTAL1	80.000000	0.000000
TOTAL2	120.000000	0.000000
TOTAL3	100.000000	0.000000
SM0	15.000000	0.000000
SHS0	25.000000	0.000000
M1	57.777779	0.000000
SM1	47.222221	0.000000
HS1	22.222221	0.000000
SHS1	2.777778	0.000000

PB1	14.400000	0.000000
M2	86.666664	0.000000
SM2	0.000000	3.000000
HS2	33.333332	0.000000
SHS2	27.777779	0.000000
PB2	21.600000	0.000000
M3	72.222221	0.000000
SM3	0.000000	250.000000
HS3	27.777779	0.000000
SHS3	0.000000	453.000000
PB3	18.000000	0.000000

Los resultados arrojan que la compra total de maíz para los tres periodos (cM1, cM2 y cM3) es de 90, 39.44 y 72.22 toneladas respectivamente, de las cuales 47.22, 0 y 0 toneladas fueron almacenadas en dichos períodos respectivamente (sM1, sM2 y sM3). Mientras que la compra de harina de soja para dichos períodos (cHS1, cHS2 y cHS3) es de 0, 58.33 y 0 toneladas respectivamente, de las cuales 2.78, 27.78 y 0 toneladas fueron almacenadas en dichos períodos respectivamente (sSH1, sSH2 y sSH3). Del stock inicial se consumieron 15 toneladas de maíz (sM0) y 25 toneladas de harina de soja (sSH0), siendo el stock total de materia prima para los tres periodos (Stock1, Stock2 y Stock3) de 50, 27.78 y 0 toneladas respectivamente. Para elaborar el pienso en los tres periodos se utilizaron 57.78, 86.67 y 72.22 toneladas de maíz (M1, M2 y M3) y 22.22, 33.33 y 27.78

toneladas de harina de soja (SH1, SH2 y SH3) respectivamente. El contenido de PB del pienso se situó en 18% en los tres períodos (PB1/Total1=0.18, PB2/Total2=0.18, PB3/Total3=0.18).

7.3 Formulación en base húmeda.

Hasta aquí los piensos planteados como ejemplos fueron en su mayoría formulados deliberadamente en base seca (Kg de MS) por ser más sencillo y directo el planteo del modelo y el análisis de los resultados ya que los requerimientos de los animales y la composición de los alimentos suelen expresarse en materia seca. Sin embargo, al enviar los resultados a la planta de elaboración de piensos no es lo mas frecuente hacerlo en base seca sino en base húmeda (AS FEED) es decir tal cual como se encuentran los alimentos en el mercado.

A) Formulación con resultados en base seca.

Las cantidades en base seca se pueden pasar fácilmente a base húmeda simplemente dividiendo la cantidad de cada ingrediente en base seca por su proporción de MS (%MS / 100). Por ejemplo si X1=0.360 Kg MS y dicho ingrediente posee un 90% de MS y X2=0.640 Kg MS y posee 88% de MS, en base húmeda equivalen a:

0.360 / (90/100) = 0.360 / 0.90 = 0.400 Kg en base húmeda.

0.640 / (88/100) = 0.640 / 0.88 = 0.727 Kg en base húmeda.

Para expresar los resultados en porcentaje, se deben sumar las cantidades totales en base húmeda de todos los ingredientes y en base a dicho total calcular en que porcentaje entra cada ingrediente en la mezcla, para este ejemplo el total en base húmeda es de 1.127 Kg (0.400 + 0.727 = 1.127). En base húmeda el porcentaje de cada ingrediente se calcula como:

X1 = 0.400 / 1.127 * 100 = 35.5% en base húmeda.

X2 = 0.727 / 1.127 * 100 = 64.5% en base húmeda.

Siempre que se pasa la cantidad de un ingrediente de base seca a base húmeda la cantidad absoluta de dicho alimento aumenta y viceversa.

B) *Formulación con las cantidades de ingredientes y concentración de nutrientes ambos expresados en base húmeda.*

Por ejemplo, si las variables M y HS representan al maíz (8% PB, 87% MS, 220 U$S/Tonelada) y a la harina de soja (44% PB, 90% MS, 460 U$S/Tonelada) respectivamente y se desea formular un pienso con un máximo de 12% de humedad (o sea un mínimo de 88% de MS) y que posea en base húmeda 18% de PB (0.180 Kg PB/Kg de pienso en base húmeda), el problema puede plantearse como:

```
Minimizar   210 * M + 460 * HS
Sujeto a:
      M  +        HS  =  1
  87 * M  +   90 * HS >=  88
 6.96 * M  + 39.6 * HS  =  18
```

El resultado de este modelo es 66.2% de maíz (M=0.662) y 33.8% de harina de soja (HS=0.338) ambos expresados en base húmeda, con un costo total de 295 U\$S/Tonelada. Como generalmente la composición bromatológica de los alimentos se expresa en base seca, para poder formular directamente en base húmeda se debe transformar la concentración de todos los nutrientes que se encuentren en base seca a base húmeda, multiplicando el contenido del nutriente en cuestión por la proporción de materia seca del ingrediente (%MS/100):

M $= 8 * (87/100) = 8 * 0.87 = 6.96\%$ PB en base húmeda.

HS $= 44 * (90/100) = 44 * 0.90 = 39.6\%$ PB en base húmeda.

Este pienso formulado tiene 18% de PB en base húmeda y 20.13% de PB en base seca:

$$\frac{(6.96 * 0.662) + (39.6 * 0.338)}{(87 * 0.662) + (90 * 0.338)} = 0.2013$$

C) Formulación con ingredientes en base húmeda y concentración de nutrientes en base seca.

Con los datos del caso anterior formularemos un pienso directamente en base húmeda con un máximo de 12% de humedad (o sea un mínimo de 88% de MS) pero ahora con una concentración de 21% de PB en base seca (0.21 Kg PB/Kg MS de pienso), el problema se puede plantear como:

```
Minimizar   210 * M + 460 * HS
Sujeto a:
      M  +        HS              = 1
  87 * M +    90 * HS  - MStotal  = 0
                         MStotal >= 88
6.96 * M + 39.6 * HS  - PBtotal  = 0
          PBtotal - 0.21 * MStotal = 0
```

El resultado de este modelo es 64.7% de maíz (M=0.647) y 35.3% de harina de soja (HS=0.353) ambos expresados en base húmeda, con un costo total de 298 U\$S/Tonelada. La particularidad de éste modelo, es que transfiere a las variables MStotal y PBtotal la cantidad de MS y de PB respectivamente que aporta cada ingrediente en base húmeda. La última restricción establece que la relación entre el aporte total de PB y el aporte total de MS del pienso debe ser de 21% de PB. Este pienso formulado posee 21% de PB en base seca (PBtotal / MStotal = 0.21) y 18.49% de PB en base húmeda (PBtotal = 0.1849).

D) *Formulación mixta, cantidades de ingredientes y concentración de nutrientes algunos expresados en base húmeda y otros en base seca.*

A modo de ejemplo se formularán 2500 kg en base húmeda de un pienso empleando como ingredientes maíz (8% PB, 87% MS, 220 U$S/Tonelada), harina de soja (44% PB, 90% MS, 460 U$S/Tonelada) y urea (287% PB, 95% MS, 415 U$S/Tonelada). Se desea que el concentrado posea como mínimo 18% de PB y como máximo 1% de urea ambos expresados en base seca y un mínimo de: 86% de MS, 16% de PB y 0.5% de urea, estos últimos expresados en base húmeda. En el modelo las variables BH_Maiz, BH_HSoja y BH_Urea representan respectivamente las cantidades (Kg) de maíz, harina de soja y urea en base húmeda mientras que las variables MS_Maiz, MS_HSoja y MS_Urea representan a los mismos ingredientes anteriores pero en base seca. El problema se puede plantear como:

Minimizar 0.220 * BH_Maiz + 0.460 * BH_HSoja + 0.415 * BH_Urea

La cantidad total de ingredientes (Kg) en base húmeda (BHtotal) y en base seca (MStotal) se expresa como:

BHtotal = BH_Maiz + BH_HSoja + BH_Urea

MStotal = MS_Maiz + MS_HSoja + MS_Urea

Estableciendo que la cantidad de pienso a formular sea 2500 kg en base húmeda:

BHtotal = 2500

La cantidad de cada ingrediente en base húmeda se estima como la cantidad de dicho ingrediente dividido por su proporción de MS (%MS/100):

BH_Maiz = MS_Maiz / 0.87

BH_HSoja = MS_HSoja / 0.90

BH_Urea = MS_Urea / 0.95

El concentrado debe contener un máximo de 14% de humedad o sea un mínimo de 86% de MS:

MStotal / BHtotal ≥ 0.86

El pienso debe contener un mínimo de 18% de PB en base seca:

PBtotal = 0.08 * MS_Maiz + 0.44 * MS_HSoja + 2.87 * MS_Urea

PBtotal / MStotal ≥ 0.18

Y un mínimo de 16% de PB en base húmeda:

PBtotal / BHtotal ≥ 0.16

Además se desea que el concentrado posea un máximo de 1% de urea en base seca y un mínimo de 0.5% de urea en base húmeda:

$$MS\_Urea / MStotal \leq 0.01$$

$$BH\_Urea / BHtotal \geq 0.005$$

Reordenando los términos anteriores se transforma en el siguiente modelo de PL:

```
Minimizar 0.220 * BH_Maiz + 0.460 * BH_HSoja + 0.415 *
BH_Urea
Sujeto a:
BH_Maiz + BH_HSoja + BH_Urea - BHtotal = 0
MS_Maiz + MS_HSoja + MS_Urea - MStotal = 0
BHtotal = 2500


0.87 * BH_Maiz  - MS_Maiz  = 0
0.90 * BH_HSoja - MS_HSoja = 0
0.95 * BH_Urea  - MS_Urea  = 0


MStotal - 0.86 * BHtotal >= 0


0.08 * MS_Maiz + 0.44 * MS_HSoja + 2.87 * MS_Urea -
PBtotal = 0


PBtotal - 0.18 * MStotal >= 0
```

```
PBtotal - 0.16 * BHtotal >= 0


MS_Urea - 0.01 * MStotal <= 0
BH_Urea - 0.005 * BHtotal >= 0
```

Resolviendo el problema anterior con LINGO se obtiene como resultado:

```
Objective value:      675.5993
```

Variable	Value	Reduced Cost
BH_MAIZ	1972.343140	0.000000
BH_HSOJA	504.583313	0.000000
BH_UREA	23.073509	0.000000
BHTOTAL	2500.000000	0.000000
MS_MAIZ	1715.938599	0.000000
MS_HSOJA	454.124969	0.000000
MS_UREA	21.919834	0.000000
MSTOTAL	2191.983398	0.000000
PBTOTAL	400.000000	0.000000

Para formular los 2500 Kg de pienso (BHtotal) se necesitan en base húmeda 1972.3 Kg de maíz (BH_Maiz), 504.6 Kg de harina de soja (BH_HSoja) y 23.1 Kg de urea (BH_Urea). El pienso formulado posee una concentración de 18.2% de PB en base seca (PBtotal/MStotal=0.182) y de 16% de PB en base húmeda (PBtotal/BHtotal=0.160), un contenido de urea del 1% en base seca (MS_Urea/MStotal=0.01) y de 0.92% en base húmeda (BH_Urea/BHtotal=0.0092) y un costo total de U\$S 675.3 los 2500 Kg de pienso en base húmeda (675.3/2.5 = 270.12 U\$S/Tonelada).

7.4 ¿Formulación con precio de compra o de mercado?

Es frecuente que al momento de formular un pienso el precio al cual se adquirieron los ingredientes que se encuentran en stock difiera del precio actual de mercado, entonces surge la interrogante: ¿formular con el precio de compra o con el precio actual de mercado? la respuesta a esta pregunta es tema de debate, pero generalmente se opta por formular con el precio de mercado independientemente que el precio de compra haya sido menor o mayor a éste (Duranthon 2009):

A) Precio de compra menor al precio de mercado.

Cuando el precio de compra de la materia prima es menor al precio de mercado, si se formula con el precio de compra el ingrediente se va a consumir rápidamente del stock y se tendrá que comprar la cantidad faltante en el mercado a un costo mas elevado. En cambio, formulando con el precio de mercado el ingrediente se consumirá más lentamente y la cantidad faltante a comprar será más limitada, con lo cual se reduce el costo global en la compra de materia prima y por lo tanto el costo real de producción del pienso crecerá más lentamente.

B) *Precio de compra mayor al precio de mercado.*

Cuando el precio de compra de la materia prima es mayor al precio de mercado, si se formula con el precio de compra el ingrediente entrará poco en la mezcla formulada y el stock se consumirá lentamente y se tardará mas tiempo en adquirir en el mercado la materia prima a un precio mas bajo. En cambio, formulando con el precio de mercado se consumirá más rápido el stock comprado a un precio elevado y más rápidamente se podrán adquirir los ingredientes faltantes a un precio más conveniente, con lo cual descenderá el costo real de producción del pienso.

Para ambos casos, solo después de haber formulado con los precios de mercado se considerarán los precios de compra para el cálculo del costo real de producción del pienso.

7.5 Comentario Final.

Los modelos expuestos en este capítulo para nada agotan el tema. La pericia en la construcción de modelos de PL si bien requiere de un sólido conocimiento teórico aumenta con la experiencia práctica concreta. Los textos de Beneke y

Winterboer (1973), Barnard y Nix (1984, Cap. 15 y 18), Hazell y Norton (1986), Paris (1991), y de Maroto y col. (1997) brindan un excelente marco general sobre la construcción de modelos de PL aplicados al sector agropecuario, y los trabajos de Hutton y Allison (1957), Fonnesbeck y col. (1976), IBM (s/f), Black y Hlubik (1980) y Bath y Bennett (1980) específicamente aplicados al caso de la formulación de raciones y piensos. Para el caso específico de la formulación de raciones para rumiantes a pastoreo se pueden consultar los trabajos de García-Martínez y col. (1998), McCall y col. (1999), Neal y col. (2007), y Soto y Reinoso (2004, 2012a) entre otros.

Capítulo 8

PROGRAMACION LINEAL

F) Ejemplos de formulación de piensos

En este capítulo se brindarán ejemplos reales de formulación de diferentes tipos de suplementos, por razones de simplicidad en el planteo del problema y en el análisis de los resultados se formularán todos los ejemplos en base seca.

Tabla 8.1: Composición y costo de algunos ingredientes.

Ingrediente	U$S/ Kg MS	% NDT	EM (Mcal/ Kg MS)	% PB	% PDR	% ADF	% EE	% Ca	% P
Maiz	0,245	90	3,3	9	4	7	6	0,03	0,32
Sorgo	0,150	82	3,0	9	5	10	4	0,05	0,34
Afrechillo Arroz	0,110	76	2,7	15	8	14	15	0,10	1,73
Afrechillo Trigo	0,115	70	2,5	17	13	13	5	0,15	1,00
Harina de Soja	0,510	87	3,1	45	29	10	12	0,29	0,71
Expeller Girasol	0,250	65	2,4	36	29	26	2	0,45	1,02
Urea	0,435			287	287				
Carbonato Calcio	0,135							39,39	0,04
Fosfato Bicálcico	0,790							22,00	19,30
Cloruro de sodio	0,180								
Flor Azufre 96%S	2,400								
Monensina al 20%	10,70								

8.1 Suplemento Energético.

Existe una amplia variedad de suplementos energéticos destinados a diversas situaciones de alimentación que van desde suplementos para el mantenimiento de los animales (ej. situaciones de crisis forrajera) hasta suplementos destinados a optimizar la performance de animales de alta producción (ej. engorde de novillos sobre verdeos de invierno de alta calidad). A modo de ejemplo se formulará un suplemento para destete precoz con las siguientes características:

- ✓ Mínimo 80% NDT
- ✓ Mínimo 18% PB
- ✓ Máximo 10% ADF
- ✓ Mínimo 0.65% P
- ✓ Máximo 1.2% Ca
- ✓ Relación Ca:P entre 1:1 a 2:1
- ✓ Máximo 1% de sal
- ✓ 65 mg monensina / kg MS
- ✓ Mínimo 10% de maíz, máximo 35% de sorgo y máximo 25% de afrechillos

Se utilizarán como ingredientes maíz, sorgo, afrechillo de arroz (Af_Arroz), afrechillo de trigo (Af_Trigo), harina de soja (HSoja), expeller de girasol (EGirasol), carbonato de calcio (Carb_Ca), fosfato bicálcico (Fos_BiCa), sal y monensina (Monen) (Tabla 8.1).

La función objetivo se plantea como:

```
Minimizar   0.245 * Maiz + 0.150 * Sorgo + 0.110 *
Af_Arroz + 0.115 * Af_Trigo + 0.510 * HSoja + 0.250 *
EGirasol + 0.135 * Carb_Ca + 0.790 * Fos_BiCa + 0.180 *
Sal + 10.7 * Monen
```

La restricción de balance para formular 1 kg MS quedaría como:

```
Maiz + Sorgo + Af_Arroz + Af_Trigo + HSoja + EGirasol +
Carb_Ca + Fos_BiCa + Sal + Monen = 1
```

A continuación se plantean restricciones de transferencia para los diferentes nutrientes (NDT, EM, PB, PDR, ADF, EE, Ca, P):

```
90 * Maiz + 82 * Sorgo + 76 * Af_Arroz + 70 * Af_Trigo +
87 * HSoja + 65 * EGirasol - NDT = 0
```

```
3.3 * Maiz + 3.0 * Sorgo + 2.7 * Af_Arroz + 2.5 *
Af_Trigo + 3.1 * HSoja + 2.4 * EGirasol - EM = 0
```

```
9 * Maiz + 9 * Sorgo + 15 * Af_Arroz + 17 * Af_Trigo + 45
* HSoja + 36 * EGirasol - PB = 0
```

```
4 * Maiz + 5 * Sorgo + 8 * Af_Arroz + 13 * Af_Trigo + 29
* HSoja + 29 * EGirasol - PDR = 0
```

```
7 * Maiz + 10 * Sorgo + 14 * Af_Arroz + 13 * Af_Trigo +
10 * HSoja + 26 * EGirasol - ADF = 0
```

```
6 * Maiz + 4 * Sorgo + 15 * Af_Arroz + 5 * Af_Trigo + 12
* HSoja + 2 * EGirasol - EE = 0
```

```
0.03 * Maiz + 0.05 * Sorgo + 0.10 * Af_Arroz + 0.15 *
Af_Trigo + 0.29 * HSoja + 0.45 * EGirasol + 39.39 *
Carb_Ca + 22.00 * Fos_BiCa - Ca = 0


0.32 * Maiz + 0.34 * Sorgo + 1.73 * Af_Arroz + 1.00 *
Af_Trigo + 0.71 * HSoja + 1.02 * EGirasol + 0.04 *
Carb_Ca + 19.30 * Fos_BiCa - P = 0
```

Nótese que estas restricciones de transferencia además de hacer más legible el planteo del modelo, brindan en la solución a través de las variables NDT, EM, PB, PDR, ADF, EE, Ca y P directamente la composición bromatológica del suplemento.

Se establece un mínimo de 80% de NDT y de 18% PB y un máximo de 10% de ADF:

```
NDT >= 80

PB  >= 18

ADF <= 10
```

Se requiere un mínimo de 0.65% de P y un máximo de 1.2% de Ca, con una relación Ca:P entre 1:1 a 2:1 :

```
P  >= 0.65

Ca <= 1.2

Ca -    P >= 0
```

```
Ca - 2 * P <= 0
```

La monensina al 20% aporta 200000 mg de monensina/kg, por lo tanto como se requieren 65 mg monensina/kg la correspondiente restricción se plantea como:

```
200000 * Monen = 65
```

Además se requiere un máximo de 1% de sal, un mínimo de 10% de maíz, un máximo de 35% de sorgo y un máximo de 25% de afrechillos:

```
Sal   <= 0.01

Maiz  >= 0.10

Sorgo <= 0.35

Af_Arroz + Af_Trigo <= 0.25
```

La solución a este problema arroja los siguientes resultados:

```
Objective value:  0.2367394
```

Variable	Value	Reduced Cost
MAIZ	0.188798	0.000000
SORGO	0.343807	0.000000
AF_ARROZ	0.000000	0.001644

AF_TRIGO	0.250000	0.000000
HSOJA	0.199035	0.000000
EGIRASOL	0.000000	0.278275
CARB_CA	0.013848	0.000000
FOS_BICA	0.004188	0.000000
SAL	0.000000	0.046360
MONEN	0.000325	0.000000
NDT	80.000000	0.000000
EM	2.896461	0.000000
PB	18.000000	0.000000
PDR	11.496229	0.000000
ADF	10.000000	0.000000
EE	6.146431	0.000000
CA	0.755669	0.000000
P	0.650000	0.000000

Para formular una tonelada de este pienso se necesitan en base seca 188.8 Kg de maíz, 343.8 Kg de sorgo, 250 Kg de afrechillo de trigo, 199 Kg de harina de soja, 13.8 Kg de carbonato de calcio, 4.2 Kg de fosfato bicálcico y 0.325 Kg de monensina al 20%, a un costo total del suplemento de 237 U$S/ tonelada de MS. De la solución se desprende que el pienso posee en base seca 80% de NDT, 2.896 Mcal de EM/Kg MS, 18% de PB, 11.5% de PDR, 10% de ADF, 6.15% de EE, 0.76% de Ca y 0.65% de P.

8.2 Suplemento Proteico.

Los suplementos proteicos están indicados para suplementar animales alimentados con forrajes de baja calidad deficientes en proteína, a modo de ejemplo se formulará uno con las siguientes características:

- ✓ Mínimo 38% de PB
- ✓ Máximo 3% de urea
- ✓ Aporte de 3 g de azufre inorgánico cada 100 g de urea
- ✓ Equivalente proteico aportado por la urea no superior al 30% de la PDR total del suplemento.
- ✓ Mínimo 0.50% P
- ✓ Máximo 1% Ca
- ✓ Relación Ca:P entre 1:1 a 2:1
- ✓ Máximo de sal 1.5%

Se emplearán como ingredientes maíz, sorgo, afrechillo de arroz (Af_Arroz), afrechillo de trigo (Af_Trigo), harina de soja (HSoja), expeller de girasol (EGirasol), urea, carbonato de calcio (Carb_Ca), fosfato bicálcico (Fos_BiCa), sal y flor de azufre (F_Azufre) (Tabla 8.1).

El planteo del modelo es muy similar al anterior, la función objetivo se plantea como:

143

```
Minimizar   0.245 * Maiz + 0.150 * Sorgo + 0.110 *
Af_Arroz + 0.115 * Af_Trigo + 0.510 * HSoja + 0.250 *
EGirasol + 0.435 * Urea + 0.135 * Carb_Ca + 0.790 *
Fos_BiCa + 0.180 * Sal + 2.4 * F_Azufre
```

La restricción de balance para formular 1 kg MS quedaría como:

```
Maiz + Sorgo + Af_Arroz + Af_Trigo + HSoja + EGirasol +
Urea + Carb_Ca + Fos_BiCa + Sal + F_Azufre = 1
```

A continuación se plantean restricciones de transferencia para los diferentes nutrientes (NDT, EM, PB, PDR, ADF, EE, Ca, P):

```
90 * Maiz + 82 * Sorgo + 76 * Af_Arroz + 70 * Af_Trigo +
87 * HSoja + 65 * EGirasol - NDT = 0
```

```
3.3 * Maiz + 3.0 * Sorgo + 2.7 * Af_Arroz + 2.5 *
Af_Trigo + 3.1 * HSoja + 2.4 * EGirasol - EM = 0
```

```
9 * Maiz + 9 * Sorgo + 15 * Af_Arroz + 17 * Af_Trigo + 45
* HSoja + 36 * EGirasol + 287 * Urea - PB = 0
```

```
4 * Maiz + 5 * Sorgo + 8 * Af_Arroz + 13 * Af_Trigo + 29
* HSoja + 29 * EGirasol  + 287 * Urea - PDR = 0
```

```
7 * Maiz + 10 * Sorgo + 14 * Af_Arroz + 13 * Af_Trigo +
10 * HSoja + 26 * EGirasol - ADF = 0
```

```
6 * Maiz + 4 * Sorgo + 15 * Af_Arroz + 5 * Af_Trigo + 12
* HSoja + 2 * EGirasol - EE = 0
```

```
0.03 * Maiz + 0.05 * Sorgo + 0.10 * Af_Arroz + 0.15 *
Af_Trigo + 0.29 * HSoja + 0.45 * EGirasol + 39.39 *
Carb_Ca + 22.00 * Fos_BiCa - Ca = 0

0.32 * Maiz + 0.34 * Sorgo + 1.73 * Af_Arroz + 1.00 *
Af_Trigo + 0.71 * HSoja + 1.02 * EGirasol + 0.04 *
Carb_Ca + 19.30 * Fos_BiCa - P = 0

96 * F_Azufre - Azufre = 0
```

Se establece un mínimo de 38% de PB y un máximo de 3% de urea:

```
PB    >= 38

Urea <= 0.03
```

Se requieren 3 g de azufre inorgánico por cada 100 g de urea, como la Urea está expresada en kg de MS y el Azufre en porcentaje, este último debe convertirse a kg de MS para poder establecer correctamente la relación azufre:urea, matemáticamente esto se podría expresar como:

$$\frac{(\text{Azufre} / 100)}{\text{Urea}} = 0.03$$

Lo cual equivale a la restricción:

```
0.01 * Azufre - 0.03 * Urea = 0
```

El equivalente proteico aportado por la urea no debe superar el 30% de la PDR total del suplemento:

```
287 * Urea - 0.30 * PDR <= 0
```

Se requiere un mínimo de 0.50% de P y un máximo de 1% de Ca, con una relación Ca:P entre 1:1 a 2:1 y un máximo de 1.5% de sal:

```
P   >= 0.50

Ca <= 1.00

Ca -      P >= 0

Ca - 2 * P <= 0

Sal <= 0.015
```

La solución a este problema arroja los siguientes resultados:

```
Objective value:     0.2207178
```

Variable	Value	Reduced Cost
MAIZ	0.000000	0.184483
SORGO	0.000000	0.089483
AF_ARROZ	0.000000	0.011823
AF_TRIGO	0.259609	0.000000
HSOJA	0.000000	0.195992

EGIRASOL	0.693796	0.000000
UREA	0.030000	0.000000
CARB_CA	0.015658	0.000000
FOS_BICA	0.000000	0.782562
SAL	0.000000	0.181959
F_AZUFRE	0.000937	0.000000
NDT	63.269356	0.000000
EM	2.314132	0.000000
PB	38.000000	0.000000
PDR	32.104992	0.000000
ADF	21.413607	0.000000
EE	2.685637	0.000000
CA	0.967907	0.000000
P	0.967907	0.000000
AZUFRE	0.090000	0.000000

Para formular una tonelada de este pienso proteico se necesitan en base seca 259.6 Kg de afrechillo de trigo, 693.8 Kg de expeller de girasol, 30 Kg de urea, 15.7 Kg de carbonato de calcio y 0.937 Kg de flor de azufre, a un costo total del suplemento de 221 U$S/Tonelada de MS. De la solución se desprende que el pienso posee en base seca 63.3% de NDT, 2.31 Mcal de EM/Kg MS, 38% de PB, 32.1% de PDR, 21.41% de ADF, 2.69% de EE, 0.97% de Ca, 0.97% de P y 0.09% de azufre, con una relación proteína bruta de la urea:PDR total del suplemento de 27% (287 * 0.03 / 32.1 = 0.268).

8.3 Premix Mineral.

Los minerales traza y las vitaminas al ser requeridos en muy pequeñas cantidades suelen ser formulados bajo forma de premezclas y luego son añadidos en cantidades apropiadas tanto en sales minerales como en otros tipos de piensos. A modo de ejemplo se formulará un premix de minerales traza que incluido a razón de 30 kg/tonelada de sal mineral cubra el 100% de los requerimientos de cobre, cinc, selenio, yodo y cobalto especificados por el NRC (2000) para el ganado de carne. Para ello se contará como ingredientes con sulfato de cobre (25.45% Cu, 12.84% S, 4.8 U$S/Kg), sulfato de zinc (36.36% Zn, 17.68% S, 2.45 U$S/Kg), selenito de sodio (45.6% Se, 26.6% Na, 355 U$S/Kg), ioduro de potasio (68.17% I, 21% K, 86 U$S/Kg), carbonato de cobalto (46% Co, 183 U$S/Kg) y como vehículo cloruro de sodio (39.34% Na, 60.66% Cl, 0.300 U$S/Kg), siendo respectivamente cada ingrediente representado en el modelo por las variables Sulf_Cu, Sulf_Zn, Selenito, Ioduro_K, Carb_Co y Sal.

Presupuestando un consumo promedio de sal mineral del 0.5% del consumo total de materia seca, 1 Kg de sal mineral debería contener 2000 mg de cobre, 6000 mg de cinc, 20 mg de selenio, 100 mg de yodo y 20 mg de cobalto para cubrir el 100% de los requerimientos especificados por el NRC (2000).

El objetivo es minimizar el costo total del premix:

```
Minimizar 4.8 * Sulf_Cu + 2.45 * Sulf_Zn + 355 * Selenito
+ 86 * Ioduro_K + 183 * Carb_Co + 0.300 * Sal
```

El premix al ser formulado para ser incluido en un 3% en la sal mineral (30 Kg/tonelada) la ecuación de balance se puede plantear como:

```
Sulf_Cu + Sulf_Zn + Selenito + Ioduro_K + Carb_Co + Sal =
0.03
```

Luego se incluyen las típicas restricciones de transferencia, nótese que los porcentajes de los minerales traza fueron pasados a mg/Kg (multiplicando por 10000) y los porcentajes de los macrominerales a g/Kg (multiplicando por 10):

```
254500 * Sulf_Cu   - Cu = 0
363600 * Sulf_Zn   - Zn = 0
456000 * Selenito  - Se = 0
681700 * Ioduro_K  - I  = 0
460000 * Carb_Co   - Co = 0


128.4 * Sulf_Cu  + 176.8 * Sulf_Zn  - S  = 0
266.0 * Selenito + 393.4 * Sal      - Na = 0
210.0 * Ioduro_K                    - K  = 0
```

Los requerimientos de los diferentes minerales traza se especifican como (mg/Kg sal mineral):

Cu = 2000

Zn = 6000

Se = 20

I = 100

Co = 20

Resolviendo el modelo se obtiene como resultado:

Objective value: 0.1159140

Variable	Value	Reduced Cost
SULF_CU	0.007859	0.000000
SULF_ZN	0.016502	0.000000
SELENITO	0.000044	0.000000
IODURO_K	0.000147	0.000000
CARB_CO	0.000043	0.000000
SAL	0.005406	0.000000
CU	2000.000000	0.000000
ZN	6000.000000	0.000000
SE	20.000000	0.000000
I	100.000000	0.000000
CO	20.000000	0.000000
S	3.926529	0.000000

NA	2.138298	0.000000
K	0.030805	0.000000

Para formular 30 kg de este premix se requieren 7.859 Kg de sulfato de cobre, 16.502 Kg de sulfato de zinc, 0.044 Kg de selenito de sodio, 0.147 Kg de ioduro de potasio, 0.043 Kg de carbonato de cobalto y 5.406 Kg de sal, a un costo total de U$S 115.9 los 30 Kg de premix.

Una forma más conveniente de expresar la composición del premix es en porcentaje:

- Sulfato de cobre   (7.859 / 30 * 100) = 26.20%
- Sulfato de zinc   (16.502 / 30 * 100) = 55.00%
- Selenito de sodio   (0.044 / 30 * 100) = 0.15%
- Ioduro de potasio   (0.147 / 30 * 100) = 0.49%
- Carbonato de cobalto (0.043 / 30 * 100) = 0.14%
- Cloruro de sodio   (5.406 / 30 * 100) = 18.02%

- Costo del premix: (115.9/30) = 3.86 U$S/Kg

Otra forma de lograr directamente la composición del premix en proporción es dividir el lado derecho de todas las restricciones del modelo anterior por 0.03, de esta manera se formula 1 Kg de pre-mezcla:

Minimizar 4.8 * Sulf_Cu + 2.45 * Sulf_Zn + 355 * Selenito
+ 86 * Ioduro_K + 183 * Carb_Co + 0.300 * Sal

Sujeto a:

Sulf_Cu + Sulf_Zn + Selenito + Ioduro_K + Carb_Co + Sal=1

254500 * Sulf_Cu   - Cu = 0

363600 * Sulf_Zn   - Zn = 0

456000 * Selenito   - Se = 0

681700 * Ioduro_K   - I = 0

460000 * Carb_Co   - Co = 0

128.4 * Sulf_Cu + 176.8 * Sulf_Zn   - S = 0

266.0 * Selenito + 393.4 * Sal   - Na = 0

210.0 * Ioduro_K   - K = 0

Cu = 66666.7

Zn = 200000

Se = 666.7

I = 3333.3

Co = 666.7

La solución de este modelo arroja:

Objective value: 3.863836

Variable	Value	Reduced Cost
SULF_CU	0.261952	0.000000
SULF_ZN	0.550055	0.000000
SELENITO	0.001462	0.000000
IODURO_K	0.004890	0.000000
CARB_CO	0.001449	0.000000
SAL	0.180192	0.000000
CU	66666.703125	0.000000
ZN	200000.000000	0.000000
SE	666.700012	0.000000
I	3333.300049	0.000000
CO	666.700012	0.000000
S	130.884323	0.000000
NA	71.276527	0.000000
K	1.026834	0.000000

Como se puede apreciar al multiplicar por 100 la cantidad de los ingredientes que integran la solución se llega a los mismos porcentajes que los calculados anteriormente. De la solución se desprende que el aporte de nutrientes de este premix es:

- Microminerales: 66666.7 mg Cu/Kg, 200000 mg Zn/Kg, 666.7 mg Se/Kg, 3333.3 mg I/Kg, 666.7 mg Co/Kg.
- Macrominerales : 130.9 g S/Kg, 71.3 g Na/Kg, 1.03 g K/Kg.
- Costo: 3.863 U$S/Kg de premix.

8.4 Sal Mineral.

Las carencias minerales son frecuentes en muchas regiones del mundo, las sales minerales son uno de los suplementos mas empleados en la ganadería de carne, a modo de ejemplo se formulará una sal mineral con las siguientes características:

- ✓ Mínimo 8% de P
- ✓ Relación Ca:P entre 1:1 a 2:1
- ✓ Mínimo 3% de Mg
- ✓ Mínimo 40% de sal común (cloruro de sodio)
- ✓ 5% de melaza deshidratada como saborizante
- ✓ Aporte del 50% de los requerimientos de los microminerales: cobre, cinc, selenio, yodo y cobalto (15 Kg/tonelada del Premix mineral formulado en el punto anterior)

Se contará como ingredientes con carbonato de calcio (39.39% Ca, 0.04% P, 0.230 U$S/Kg), fosfato bicálcico (22% Ca, 19.3% P, 0.980 U$S/Kg), fosfato monosódico (22.5% P, 16.68% Na, 4.1 U$S/Kg), fosfato monocálcico (16.4% Ca, 21.6% P, 1.15 U$S/Kg), óxido de magnesio (54% Mg, 1.2 U$S/Kg), cloruro de sodio (0.300 U$S/Kg), melaza deshidratada (1.25 U$S/Kg) y premix de minerales traza (3.86 U$S/Kg), siendo respectivamente cada ingrediente representado en el modelo por las variables Carb_Ca, Fos_BiCa, Fos_MoNa, Fos_MoCa, Oxido_Mg, Sal, Melaza, Premix.

La función objetivo se puede expresar como:

```
Minimizar 0.230 * Carb_Ca + 0.980 * Fos_BiCa + 4.1 *
Fos_MoNa + 1.15 * Fos_MoCa + 1.2 * Oxido_Mg + 0.300 * Sal
+ 1.25 * Melaza + 3.84 * Premix
```

En la restricción de balance se establece que se desea formular 1 Kg de sal mineral:

```
Carb_Ca + Fos_BiCa + Fos_MoNa + Fos_MoCa + Oxido_Mg + Sal
+ Melaza + Premix = 1
```

Luego se establecen las diferentes restricciones de transferencia:

```
39.39 * Carb_Ca + 22.0 * Fos_BiCa + 16.4 * Fos_MoCa - Ca
= 0

0.04 * Carb_Ca + 19.3 * Fos_BiCa + 22.5 * Fos_MoNa + 21.6
* Fos_MoCa - P  = 0


54 * Oxido_Mg    - Mg = 0


13.09   * Premix - S  = 0
66666.7 * Premix - Cu = 0
200000  * Premix - Zn = 0
666.7   * Premix - Se = 0
3333.4  * Premix - I  = 0
666.7   * Premix - Co = 0
```

Se desea que el premix de minerales traza integre la sal mineral en 1.5%, la melaza deshidratada en un 5% y la sal común como mínimo sea del 40%:

```
Premix  = 0.015
Melaza  = 0.05
Sal     >= 0.40
```

La sal mineral debe poseer un mínimo de 8% de P, una relación Ca:P entre 1:1 a 2:1 y un mínimo de 3% de Mg:

```
P   >= 8
Ca - P >= 0
Ca - 2 * P <= 0
Mg  >= 3
```

Resolviendo el modelo se obtiene como resultado:

```
Objective value:      0.7278185
```

Variable	Value	Reduced Cost
CARB_CA	0.065072	0.000000
FOS_BICA	0.414373	0.000000
FOS_MONA	0.000000	2.995389
FOS_MOCA	0.000000	0.080436
OXIDO_MG	0.055556	0.000000
SAL	0.400000	0.000000

MELAZA	0.050000	0.000000
PREMIX	0.015000	0.000000
CA	11.679372	0.000000
P	8.000000	0.000000
MG	3.000000	0.000000
S	0.196350	0.000000
CU	1000.000488	0.000000
ZN	3000.000000	0.000000
SE	10.000500	0.000000
I	50.000999	0.000000
CO	10.000500	0.000000

La sal mineral formulada esta compuesta por 6.51% de carbonato de calcio, 41.44% de fosfato bicálcico, 5.56% de óxido de magnesio, 40% de sal común, 5% de melaza deshidratada y 1.5% de premix de minerales traza, a un costo total de 728 U$S/tonelada de sal mineral. De la solución se desprende que el aporte de minerales de esta formula es:

- Macrominerales: 11.7% Ca, 8% P, 3% Mg, 0.20% S, relación Ca:P (11.7/8 =) 1.46:1
- Microminerales (mg/Kg): 1000 Cu, 3000 Zn, 10 Se, 50 I, 10 Co

8.5 Bloque Multi-nutricional.

Los bloques multi-nutricionales son suplementos alimenticios ricos en nitrógeno, energía fácilmente fermentecible en rumen y minerales, diseñado fundamentalmente para suministrar nutrientes para los microorganismos del rumen y así estimular la velocidad de digestión de la fibra del forraje e incrementar el consumo de forrajes fibrosos de baja calidad deficientes en proteína y minerales. A modo de ejemplo se formulará un bloque multi-nutricional con las siguientes características en base seca:

- ✓ Mínimo 30% de PB
- ✓ Máximo 5% de urea
- ✓ Mínimo 3 g de azufre cada 100 g de urea
- ✓ Melaza entre 30 y 35%
- ✓ Mínimo 1.5% de P
- ✓ Relación Ca:P entre 1:1 y 2:1
- ✓ Mínimo 20% de afrechillo de arroz y/o trigo
- ✓ Cal apagada como ligante 10%

El planteo del modelo y los ingredientes son similares al del suplemento proteico que se formuló en el punto 8.2, con excepción que se agregan como ingredientes melaza líquida (Melaza), cal apagada (Cal) y fosfato monosódico (Fos_MoNa).

La función objetivo:

Minimizar 0.245 * Maiz + 0.150 * Sorgo + 0.110 * Af_Arroz + 0.115 * Af_Trigo + 0.510 * HSoja + 0.250 * EGirasol + 0.435 * Urea + 0.280 * Melaza + 0.230 * Cal + 0.790 * Fos_BiCa + 3.5 * Fos_MoNa + 0.180 * Sal + 2.4 * F_Azufre

La restricción de balance y las de transferencia no requieren mayores explicaciones:

Maiz + Sorgo + Af_Arroz + Af_Trigo + HSoja + EGirasol + Urea + Melaza + Cal + Fos_BiCa + Fos_MoNa + Sal + F_Azufre = 1

90 * Maiz + 82 * Sorgo + 76 * Af_Arroz + 70 * Af_Trigo + 87 * HSoja + 65 * EGirasol + 72 * Melaza - NDT = 0

3.3 * Maiz + 3.0 * Sorgo + 2.7 * Af_Arroz + 2.5 * Af_Trigo + 3.1 * HSoja + 2.4 * EGirasol + 2.6 * Melaza - EM = 0

9 * Maiz + 9 * Sorgo + 15 * Af_Arroz + 17 * Af_Trigo + 45 * HSoja + 36 * EGirasol + 287 * Urea + 5.8 * Melaza – PB = 0

4 * Maiz + 5 * Sorgo + 8 * Af_Arroz + 13 * Af_Trigo + 29 * HSoja + 29 * EGirasol + 287 * Urea + 5.8 * Melaza - PDR = 0

7 * Maiz + 10 * Sorgo + 14 * Af_Arroz + 13 * Af_Trigo + 10 * HSoja + 26 * EGirasol - ADF = 0

```
6 * Maiz +  4 * Sorgo + 15 * Af_Arroz +  5 * Af_Trigo +
12 * HSoja + 2 * EGirasol  - EE = 0
```

```
0.03 * Maiz + 0.05 * Sorgo + 0.10 * Af_Arroz + 0.15 *
Af_Trigo + 0.29 * HSoja + 0.45 * EGirasol + 54.0 * Cal +
1.00 * Melaza + 22.00 * Fos_BiCa + 0.00 * Fos_MoNa - Ca =
0
```

```
0.32 * Maiz + 0.34 * Sorgo + 1.73 * Af_Arroz + 1.00 *
Af_Trigo + 0.71 * HSoja + 1.02 * EGirasol + 0.04 * Cal +
0.10 * Melaza + 19.30 * Fos_BiCa + 22.5 * Fos_MoNa - P =
0
```

Como la melaza es rica en azufre y se emplea en grandes cantidades (30 a 35% de la MS del bloque) su aporte en este mineral debe considerase en el modelo:

```
96 * F_Azufre + 0.47 * Melaza - Azufre = 0
```

La relación Azufre:Urea deseada se puede escribir como:

```
0.01 * Azufre - 0.03 * Urea >= 0
```

Los niveles de PB, urea, melaza, afrechillos, cal apagada, fósforo y relación Ca:P deseada se establece como:

```
PB  >= 30
```

```
Urea <= 0.05
```

```
Melaza >= 0.30
```

160

```
Melaza <= 0.35

Af_Arroz + Af_Trigo >= 0.20

Cal  = 0.10

P  >= 1.50

Ca - P >= 0

Ca - 2 * P <= 0
```

La solución de este modelo arroja:

```
Objective value:     0.6352845

     Variable          Value        Reduced Cost
        MAIZ         0.000000          1.018551
       SORGO         0.000000          0.921487
     AF_ARROZ        0.200000          0.000000
     AF_TRIGO        0.000000          0.092504
       HSOJA         0.228036          0.000000
     EGIRASOL        0.018011          0.000000
        UREA         0.050000          0.000000
       MELAZA        0.300000          0.000000
        CAL          0.100000          0.000000
     FOS_BICA        0.000000          0.220864
     FOS_MONA        0.103860          0.000000
        SAL          0.000000          1.323974
```

F_AZUFRE	0.000094	0.000000
NDT	57.809814	0.000000
EM	2.070137	0.000000
PB	30.000000	0.000000
PDR	24.825354	0.000000
ADF	5.548643	0.000000
EE	5.772449	0.000000
CA	5.794235	0.000000
P	2.897118	0.000000
AZUFRE	0.150000	0.000000

En base seca el bloque esta compuesto por 20% de afrechillo de arroz, 22.8% de harina de soja, 1.8% de expeller de girasol, 5% de urea, 30% de melaza, 10% de cal apagada, 10.4% de fosfato monosódico y 0.0094% de flor de azufre, a un costo de 635 U$S/ Tonelada de MS. De los resultados se desprende que la composición nutricional del bloque en base seca es la siguiente: 57.81 % NDT, 2.07 Mcal EM/Kg MS, 30% PB, 24.8% PDR, 5.55% ADF, 5.77% EE, 5.79% Ca, 2.90% P y 0.15% S.

8.6 Comentario Final.

Los piensos formulados aquí constituyen meros ejemplos, los ingredientes disponibles, el costo y la composición de los mismos, y las características nutricionales deseables de los suplementos suelen variar de una zona o región a otra, de aquí que para formular raciones y piensos además del adecuado dominio de la técnica matemática se requiera un sólido conocimiento sobre nutrición y alimentación animal.

Capítulo 9

PROGRAMACION ENTERA BINARIA

9.1 Conceptos sobre Programación Entera.

Un problema de **Programación Lineal Entera (PLE; Integer Linear Programming,** o abreviado **Programación Entera / Integer Programming)** es un problema de Programación Lineal (PL) convencional en el cual algunas **(PLE Mixto / Mixed Integer Programming)** o todas **(PLE Puro / Pure Integer Programming)** las variables del modelo están restringidas a tomar valores enteros (o discretos). Si bien en muchos modelos es posible redondear los valores de la solución a los enteros más próximos, en otros el redondeo puede producir soluciones no factibles en el problema original (se viola alguna restricción) o puede producir soluciones no óptimas, en cambio con el empleo de la PLE se puede lograr, caso exista, una solución factible óptima para el problema original.

La PLE se puede considerar como una extensión de la PL, la resolución de un problema de PLE consiste básicamente en resolver una serie de problemas de PL convencional relacionados con el problema original, a los cuales se le van agregando una serie de restricciones especiales de manera que brinden una solución óptima que satisfaga los requerimientos enteros. Los lectores interesados en los principios y en los diferentes algoritmos de resolución de la PLE pueden consultar los textos de Hiller y Lieberman (2002), Taha (1998) y Chen y col. (2010) entre otros.

La PLE fue empleada por primera vez en la formulación de dietas para humanos por Skalan y Dariel (1993) en las cuales se requiere que ciertos alimentos ingresen en la solución en porciones enteras (ej. un yogurt, un huevo, dos manzanas, etc.). En el caso concreto de la formulación de raciones y piensos para el ganado la obtención de valores enteros en la solución no parecería ser tan importante, de hecho en la práctica los valores de la solución se suelen redondear al entero más próximo sin mayores consecuencias nutricionales. Sin embargo con la PLE se puede modelar un tipo especial de variables denominadas **binarias**, que están restringidas a tomar únicamente dos valores, cero o uno. Las variables binarias permiten una gran flexibilidad en la confección de los modelos y ayudan a superar muchas de las limitaciones de la PL convencional, por ejemplo, Soto y Reinoso (2012a) modelaron el complejo sistema de alimentación del NRC (2000) que en su mayor parte es no lineal y no aditivo, con el fin de poder formular raciones al mínimo costo para ganado de carne a pastoreo empleando un modelo de PLE Mixto donde la totalidad de las variables enteras eran binarias.

Si a una variable Xj se la declara entera (integer) y se le impone la restricción que debe ser mayor o igual a cero y menor o igual a uno se transforma en binaria, generalmente este tipo de restricción no es necesaria plantearla explícitamente en el modelo porque la gran mayoría de los paquetes informáticos que permiten resolver modelos de PLE permiten declarar explícitamente variables como binarias y establecen estas restricciones en forma automática. En LINGO una variable binaria se declara con la sentencia @BIN tal como se describió en la sección 3.6 del capítulo tres.

Programación Entera Binaria (PEB; Binary Integer Programming) es un término genérico que se suele emplear cuando en un modelo de PLE todas las variables enteras son binarias, al igual que en la PLE los modelos de PEB pueden ser Puros **(Pure Binary Programming)** o Mixtos **(Mixed Binary Programming)**.

9.2 Modelado con Variables Binarias.

A continuación se expondrá una serie de casos generales en los cuales el empleo de variables binarias permite una extraordinaria flexibilidad de modelado en la formulación de raciones y piensos al permitir incluir en los problemas actividades y restricciones condicionales.

Para el desarrollo de los ejemplos se contará con maíz (X1), sorgo (X2), afrechillo de arroz (X3), afrechillo de trigo (X4), harina de soja (X5), expeller de girasol (X6) y urea (X7) como ingredientes, sujetos a la clásica restricción de balance para formular 1 Kg de pienso:

X1 + X2 + X3 + X4 + X5 + X6 + X7 = 1

Caso 1: Variables que solo pueden tomar un conjunto de valores.

Esta situación representa el caso en que una variable Xj solo puede tomar ciertos valores conocidos: B1, B2, ..., Bk. Añadiendo apropiadamente k variables binarias (Y1, Y2, ..., Yk) esto se puede expresar matemáticamente como:

Xj = B1 * Y1 + B2 * Y2 + ... + Bk * Yk

Donde además se impone la condición especial que solo una de las k variables binarias puede ser activada a uno y en consecuencia las demás deben ser igual a cero:

Y1 + Y2 + ... + Yk = 1

De manera que si la i-esima variable binaria Y se activa (Yi=1) hace automáticamente Xj = Bi.

Esto es especialmente útil para aquellos ingredientes que normalmente ingresan en pequeñas cantidades en el pienso, para facilitar la manipulación se fuerza a que ingresen en cantidades predeterminadas fácilmente manejables. Por ejemplo si la urea (X7) solo puede integrar el pienso a un nivel de 0, 1.5 o 3% esto se puede modelar como:

X7 = 0 * Y1 + 0.015 * Y2 + 0.03 * Y3

Y1 + Y2 + Y3 = 1

Que luego de transponer los términos correspondientes equivale a las siguientes restricciones:

X7 - 0 * Y1 - 0.015 * Y2 - 0.03 * Y3 = 0

Y1 + Y2 + Y3 = 1

Donde Y1, Y2 e Y3 son variables binarias.

Caso 2: Restricciones con el lado derecho alternativo.

Este caso es una generalización del caso anterior, donde en vez de tratarse de una variable se trata de una restricción completa.

Por ejemplo, si el afrechillo de arroz (X3) y el afrechillo de trigo (X4) solo pueden integrar la ración en un 15, 25 o 40% se modela como:

$$X3 + X4 = 0.15 * Y1 + 0.25 * Y2 + 0.40 * Y3$$

$$Y1 + Y2 + Y3 = 1$$

Lo cual equivale a las restricciones:

$$X3 + X4 - 0.15 * Y1 - 0.25 * Y2 - 0.40 * Y3 = 0$$

$$Y1 + Y2 + Y3 = 1$$

Donde Y1, Y2 e Y3 son variables binarias.

Caso 3: Restricciones alternativas.

El caso general de las restricciones alternativas son un conjunto de N restricciones de las cuales han de satisfacerse K de ellas, siendo K < N:

$$\sum A_{1j} * X_j \leq B_1$$
$$\sum A_{2j} * X_j \leq B_2$$
$$.....................................$$
$$\sum A_{nj} * X_j \leq B_n$$

Añadiendo apropiadamente a cada restricción una constante positiva M lo suficientemente grande y una variable binaria Yi se obtiene:

$$\sum A_{1j} * X_j \quad \leq \quad B_1 + M * (1 - Y_1)$$

$$\sum A_{2j} * X_j \quad \leq \quad B_2 + M * (1 - Y_2)$$

$$\ldots\ldots\ldots\ldots\ldots\ldots\ldots\ldots\ldots\ldots\ldots\ldots\ldots\ldots\ldots\ldots\ldots\ldots$$

$$\sum A_{nj} * X_j \quad \leq \quad B_n + M * (1 - Y_n)$$

Dónde además se impone la condición de seleccionar solamente K restricciones

$$\sum Y_i = K$$

De manera que si $Y_i = 1$ la restricción i-esima se activa (se cumple) mientras que si $Y_i = 0$ la i-esima restricción se relaja y se torna redundante (no se cumple).

Las restricciones del tipo mayor igual se modelan como:

$$\sum A_{ij} * X_j \quad \geq \quad B_i - M * (1 - Y_i)$$

Si algunas de estas restricciones quedan con un valor negativo en el lado derecho se debe multiplicar la restricción entera por menos uno (-1) e invertir el sentido de la restricción tal como se describió en el punto 6.5 del capítulo seis. Mientras que las restricciones alternativas del tipo igual se modelan descomponiéndolas en dos restricciones equivalentes de menor igual y mayor igual:

$$\sum A_{ij} * X_j \quad \leq \quad B_i + M * (1 - Y_i)$$

$$\sum A_{ij} * X_j \quad \geq \quad B_i - M * (1 - Y_i)$$

En la práctica, el valor de M debe ser suficientemente grande para actuar como una penalidad, pero no debe ser tan grande que desequilibre la exactitud de los cálculos debido a errores de redondeo del ordenador lo cual puede ocurrir al manipular una mezcla de números grandes y pequeños.

Por ejemplo si el concentrado debe poseer 16 o 18% PB esto se puede expresar como:

$PB = 9 * X1 + 9 * X2 + 15 * X3 + 17 * X4 + 45 * X5 + 36 * X6 + 287 * X7$

$PB = 16$ o $PB = 18$

Descomponiendo las restricciones alternativas del tipo igual en dos restricciones del tipo mayor igual y menor igual equivalentes:

$PB >= 16 - M * (1 - Y1)$

$PB <= 16 + M * (1 - Y1)$

$PB >= 18 - M * (1 - Y2)$

$PB <= 18 + M * (1 - Y2)$

$Y1 + Y2 = 1$

El modelo completo quedaría como:

```
9 * X1 + 9 * X2 + 15 * X3 + 17 * X4 + 45 * X5 + 36 * X6 +
287 * X7 -PB = 0


PB   - M * Y1  >=  16 - M
PB   + M * Y1  <=  16 + M


PB   - M * Y2  >=  18 - M
PB   + M * Y2  <=  18 + M


Y1 + Y2 = 1
```

Caso 4: Actividades condicionales acotadas.

El caso general es el de una variable X_j que en caso de entrar en la solución ($X_j \neq 0$) solo puede hacerlo en un nivel comprendido entre L_j y U_j, genéricamente esto se puede expresar como:

$X_j \geq L_j * Y_j$

$X_j \leq U_j * Y_j$

De manera que si la variable Y_j se activa a uno ($Y_j = 1$), X_j debe entrar en la solución en un nivel de $L_j \leq X_j \leq U_j$, caso contrario ($Y_j = 0$) X_j se hace igual a cero, que en forma de restricciones se escriben como:

$X_j - L_j * Y_j \geq 0$

$X_j - U_j * Y_j \leq 0$

Por ejemplo, si el maíz (X1) entra en la solución debe integrar el pienso entre un 20 y un 40% y si el sorgo (X2) entra en la solución debe hacerlo con un mínimo del 10%:

$X1 \geq 0.20 * Y1$

$X1 \leq 0.40 * Y1$

$X2 \geq 0.10 * Y2$

Que equivalen a las restricciones:

$X1 - 0.20 * Y1 \geq 0$

$X1 - 0.40 * Y1 \leq 0$

$X2 - 0.10 * Y2 \geq 0$

Donde Y1 e Y2 son variables binarias.

Caso 5: Implicaciones entre actividades condicionales.

El caso general es aquel en que una variable X_j asociada a la variable binaria Y_j toma valor diferente de cero ($X_j \neq 0$) siempre y cuando la variable binaria asociada se active a uno en la solución ($Y_j = 1$); añadiendo una constante M lo suficientemente grande de manera que para cualquier valor de X_j se cumpla $X_j \leq M$, genéricamente se puede expresar como:

$X_j \leq M * Y_j$

Que equivalen a la restricción:

$Xj - M * Yj \leq 0$

Por ejemplo, si el **maíz (X1)** y el **sorgo (X2)** son ingredientes condicionales:

$X1 - M * Y1 \leq 0$

$X2 - M * Y2 \leq 0$

Donde **Y1** e **Y2** son **variables binarias asociadas** al maíz y al sorgo respectivamente.

De manera que se pueden escribir fácilmente los siguientes casos de implicancia, nótese que en todas las operaciones solo intervienen las correspondientes variables binarias asociadas a los ingredientes:

A) Que ingrese en la solución: solo **maíz,** solo **sorgo** o **ambos**:
   $Y1 + Y2 \geq 1$
B) Que ingrese en la solución: solo **maíz** o solo **sorgo**:
   $Y1 + Y2 = 1$
C) Que ingrese en la solución: solo **maíz,** solo **sorgo** o **ninguno**:
   $Y1 + Y2 \leq 1$
D) Que ingrese en la solución: solo **maíz, ambos** o **ninguno**:
   $Y1 - Y2 \geq 0$
E) Que ingrese en la solución: **ninguno** o **ambos**:
   $Y1 - Y2 = 0$

F) Que ingrese en la solución: solo **sorgo, ambos** o **ninguno**:

$Y1 - Y2 <= 0$

G) Que ingrese en la solución: **maíz y sorgo**:

$Y1 + Y2 = 2$ o $Y1 + Y2 >= 2$

H) Que ingrese en la solución: **ninguno** de los dos:

$Y1 + Y2 = 0$ o $Y1 + Y2 <= 0$

En el siguiente cuadro se muestra un resumen de todas las implicaciones descritas anteriormente:

Implicaciones	Soluciones Posibles			
	Ninguno	Y1	Y2	Ambos
$Y1 + Y2 >= 1$		*	*	*
$Y1 + Y2 = 1$		*	*	
$Y1 + Y2 <= 1$	*	*	*	
$Y1 - Y2 >= 0$	*	*		*
$Y1 - Y2 = 0$	*			*
$Y1 - Y2 <= 0$	*		*	*
$Y1 + Y2 >= 2$				*
$Y1 + Y2 = 2$				*
$Y1 + Y2 <= 0$	*			
$Y1 + Y2 = 0$	*			

I) **Implicaciones complejas**:

Por ejemplo, si contamos con dos grupos de ingredientes:

- Grupo1: maíz (X1) y harina de soja (X5).
- Grupo2: sorgo (X2), afrechillo de arroz (X3), afrechillo de trigo (X4), expeller de girasol (X6) y urea (X7).

Se desea que solo pueda integrar el pienso un solo grupo de ingredientes, además si ingresan en la solución los ingredientes del grupo 2 no puede integrar el pienso la urea si este posee alguno de los afrechillos en su composición.

Primero se escribe la clásica ecuación de balance:

$$X1 + X2 + X3 + X4 + X5 + X6 + X7 = 1$$

Luego se escriben ambos grupos como actividades condicionales y se establece que solo un grupo puede integrar la solución:

$$X1 + X5 \leq M * YG1$$

$$X2 + X3 + X4 + X6 + X7 \leq M * YG2$$

$$YG1 + YG2 = 1$$

Donde YG1 e YG2 son variables binarias asociadas a su correspondiente grupo y M es una constante numérica suficientemente grande.

A continuación de manera similar se establecen las implicancias condicionales dentro del grupo 2:

$$X3 + X4 \leq M * Y3\_4$$

$$X7 \leq M * Y7$$

$$Y3\_4 + Y7 \leq 1$$

Donde Y3_4 e Y7 son variables binarias asociadas al grupo de los afrechillos y a la urea respectivamente.

El primer conjunto de restricciones establecen que si la variable binaria YG1 se hace igual a uno solo pueden entrar en la solución X1 y/o X5 mientras que X2, X3, X4, X6 y X7 deben ser necesariamente igual a cero. En cambio si la variable binaria YG2 se hace igual a uno, entonces solo pueden entrar en la solución X2, X3, X4, X6 y X7, mientras que X1 y X5 deben ser igual a cero. La última restricción garantiza que solo una de las variables binarias YG1 o YG2 pueda integrar la solución. Con respecto al segundo conjunto de restricciones se pueden hacer deducciones similares.

Transponiendo apropiadamente los términos, el modelo completo quedaría como:

```
X1 + X2 + X3 + X4 + X5 + X6 + X7 = 1

X1 + X5  - M  * YG1  <=  0
X2 + X3 + X4 + X6 + X7  - M  * YG2  <=  0
YG1 + YG2  =  1
```

```
X3 + X4  -  M  * Y3_4  <=  0

X7  -  M  * Y7  <= 0

Y3_4 + Y7  <=  1
```

Donde YG1, YG2, Y3_4 e Y7 son variables binarias.

Caso 6: *Problema del costo fijo.*

Se denomina problema del costo fijo o del cargo fijo a aquellos casos en los cuales al emprender una actividad esta posee un **costo variable** cuyo total es proporcional a su nivel de inclusión en la solución y un **costo fijo** que es el costo que hay que pagar por emprender dicha actividad independientemente de su nivel de inclusión en la solución. En forma genérica esto se puede plantear como:

Minimizar $\sum C_j * X_j + K_j * Y_j$

Sujeto a:

$X_j \leq M * Y_j$

$\sum A_{ij} * X_j \qquad \leq,=,\geq B_i$

Donde C_j es el costo variable y K_j el costo fijo de la j-esima actividad respectivamente, Y_j es la variable binaria asociada a dicha actividad y M una constante numérica suficientemente grande para cualquier valor que pueda tomar X_j en la solución.

Por ejemplo, si deseamos formular 30 toneladas de un pienso con 16% de PB y contamos con maíz (X1) (250 U$S/Tonelada, 9 %PB), sorgo (X2) (150 U$S/Tonelada, 9 %PB) y harina de soja (X3) (510 U$S/Tonelada, 44 %PB), con un costo fijo de estos ingredientes de U$S 225, 450 y 360 respectivamente por concepto de transporte desde los distintos proveedores hasta la fábrica de piensos, el problema se puede formular como:

Minimizar $250 * X1 + 225 * Y1 + 150 * X2 + 450 * Y2 + 510 * X3 + 360 * Y3$

Sujeto a:

$X1 \leq M * Y1$

$X2 \leq M * Y2$

$X3 \leq M * Y3$

$TotalMS \geq 30$

$TotalMS = X1 + X2 + X3$

$TotalPB = 0.09 * X1 + 0.09 * X2 + 0.44 * X3$

$TotalPB / TotalMS \geq 0.16$

Donde Y1, Y2 e Y3 son variables binarias y M una constante positiva grande (ej. 999).

Nota: Con LINGO no es necesario sustituir en el modelo manualmente M por su correspondiente valor, LINGO permite la **declaración de constantes** y se encarga de realizar automáticamente las sustituciones correspondientes. La declaración de constantes en LINGO se hace generalmente por conveniencia antes de la función objetivo entre las sentencias DATA: y ENDDATA

Data:

Constante1 = Valor1;

Constante2 = Valor2;

M = 999;

Constante_j = Valor_j;

EndData

Luego de reordenar apropiadamente los términos el modelo queda como:

```
Minimizar 250 * X1 + 225 * Y1  + 150 * X2 + 450 * Y2  +
510 * X3 + 360 * Y3

Sujeto a:

X1 - M * Y1 <= 0

X2 - M * Y2 <= 0

X3 - M * Y3 <= 0


TotalMS >= 30

X1 + X2 + X3 - TotalMS = 0
```

```
0.09 * X1 + 0.09 * X2 + 0.44 * X3 - TotalPB = 0

TotalPB - 0.16 * TotalMS >= 0
```

Haciendo M arbitrariamente igual a 999 se obtiene la siguiente solución con LINGO:

```
Objective value:      7470.000

   Variable          Value      Reduced Cost

         Y1       0.000000        225.000000

         Y2       1.000000        450.000000

         Y3       1.000000        360.000000

         X1       0.000000        100.000000

         X2      24.000000          0.000000

         X3       6.000000          0.000000

    TOTALMS      30.000000          0.000000

    TOTALPB       4.800000          0.000000
```

De la solución se desprende que para formular 30 toneladas del pienso se necesitan 24 toneladas de sorgo (X2) y 6 toneladas de harina de soja (X3) a un costo total de U$S 7470 ([24 * 150 + 450] + [6 * 510 + 360] = 7470). Nótese que el maíz (X1) para tornarse competitivo y estar en condiciones de entrar en la solución debe bajar su costo variable en 100 U$S/Tonelada (Costo Reducido X1 = 100).

9.3 Ejemplo de Aplicación.

A modo de ejemplo se formulará un pienso empleando como ingredientes maíz, sorgo, afrechillo de arroz (Af_arroz), afrechillo de trigo (Af_trigo), harina de soja (HSoja), expeller de girasol (EGirasol) y urea. El pienso deberá poseer las siguientes características:

- ✓ Mínimo 16 %PB
- ✓ Máximo 12 %ADF
- ✓ Mínimo 80 %NDT
- ✓ Si ingresa la urea en la solución deberá hacerlo al 1%
- ✓ Si el concentrado posee afrechillo de arroz o afrechillo de trigo no puede contener urea
- ✓ Podrá poseer harina de soja o expeller de girasol en su composición, pero no ambos a la vez
- ✓ Si el sorgo integra el pienso deberá hacerlo con un mínimo de 10% y un máximo de 50%

El problema se puede plantear como:

Minimizar 0.245 * Maiz + 0.150 * Sorgo + 0.110 * Af_Arroz + 0.115 * Af_Trigo + 0.510 * HSoja + 0.250 * EGirasol + 0.435 * Urea

Sujeto a:

Maiz + Sorgo + Af_Arroz + Af_Trigo + HSoja + EGirasol + Urea = 1

90 * Maiz + 82 * Sorgo + 76 * Af_Arroz + 70 * Af_Trigo + 87 * HSoja + 65 * EGirasol - NDT = 0

3.3 * Maiz + 3.0 * Sorgo + 2.7 * Af_Arroz + 2.5 * Af_Trigo + 3.1 * HSoja + 2.4 * EGirasol - EM = 0

9 * Maiz + 9 * Sorgo + 15 * Af_Arroz + 17 * Af_Trigo + 45 * HSoja + 36 * EGirasol + 287 * Urea - PB = 0

7 * Maiz + 10 * Sorgo + 14 * Af_Arroz + 13 * Af_Trigo + 10 * HSoja + 26 * EGirasol - ADF = 0

PB >= 16

ADF <= 12

NDT >= 80

Urea = 0.01 * Y_urea

Af_arroz + Af_trigo <= M * Y_afrech

Y_urea + Y_afrech <= 1

HSoja <= M * Y_Hsoja

EGirasol <= M * Y_Egirasol

Y_Hsoja + Y_Egirasol <= 1

Sorgo >= 0.10 * Y_sorgo

Sorgo <= 0.50 * Y_sorgo

Donde Y_urea, Y_afrech, Y_Hsoja, Y_Egirasol e Y_sorgo son variables binarias auxiliares y M una constante numérica suficientemente grande.

Luego de reordenar apropiadamente los términos del modelo, éste queda como:

```
Minimizar 0.245 * Maiz + 0.150 * Sorgo + 0.110 * Af_Arroz
+ 0.115 * Af_Trigo + 0.510 * HSoja + 0.250 * EGirasol +
0.435 * Urea
```

Sujeto a:

```
Maiz + Sorgo + Af_Arroz + Af_Trigo + HSoja + EGirasol +
Urea = 1
```

```
90 * Maiz + 82 * Sorgo + 76 * Af_Arroz + 70 * Af_Trigo +
87 * HSoja + 65 * EGirasol - NDT = 0
```

```
3.3 * Maiz + 3.0 * Sorgo + 2.7 * Af_Arroz + 2.5 *
Af_Trigo + 3.1 * HSoja + 2.4 * EGirasol - EM = 0
```

```
9 * Maiz + 9 * Sorgo + 15 * Af_Arroz + 17 * Af_Trigo + 45
* HSoja + 36 * EGirasol + 287 * Urea - PB = 0
```

```
7 * Maiz + 10 * Sorgo + 14 * Af_Arroz + 13 * Af_Trigo +
10 * HSoja + 26 * EGirasol - ADF = 0
```

```
PB   >= 16

ADF <= 12

NDT >= 80


Urea - 0.01 * Y_urea  = 0

Af_arroz + Af_trigo - M * Y_afrech  <= 0

Y_urea + Y_afrech <= 1


HSoja - M  * Y_Hsoja  <= 0

EGirasol - M * Y_Egirasol <= 0

Y_Hsoja + Y_Egirasol <= 1


Sorgo - 0.10 * Y_sorgo >= 0

Sorgo - 0.50 * Y_sorgo <= 0
```

Donde Y_urea, Y_afrech, Y_Hsoja, Y_Egirasol e Y_sorgo son variables binarias y M una constante numérica suficientemente grande. Nótese que como la ecuación de balance no permite que ningún ingrediente sea mayor a uno, en este caso M puede tomar cualquier valor mayor o igual a uno.

Haciendo arbitrariamente M igual a 999 y resolviendo el modelo con LINGO se obtiene la siguiente solución:

```
Objective value:     0.1730918

    Variable         Value      Reduced Cost

      Y_UREA      0.000000        -0.017871

    Y_AFRECH      1.000000         0.000000

     Y_HSOJA      1.000000         0.000000

  Y_EGIRASOL      0.000000         0.000000

     Y_SORGO      1.000000         0.000000

        MAIZ      0.154589         0.000000

       SORGO      0.137681         0.000000

    AF_ARROZ      0.615942         0.000000

    AF_TRIGO      0.000000         0.015556

       HSOJA      0.091787         0.000000

     EGIRASOL     0.000000         0.184203

        UREA      0.000000         0.000000

         NDT     80.000000         0.000000

          EM      2.870773         0.000000

          PB     16.000000         0.000000

         ADF     12.000000         0.000000
```

El concentrado formulado está compuesto por 15.46% de maíz, 13.77% de sorgo, 61.59% de afrechillo de arroz y 9.18% de harina de soja, a un costo de 173.1 U$S/Tonelada. Con una composición de 16% de PB, 80% de NDT, 2.87 Mcal EM/Kg y 12% de ADF.

9.4 Comentario Final.

Como se ha podido apreciar, las variables binarias constituyen un potente recurso que permiten expresar diversas situaciones tanto lineales como no lineales en los modelos de PL. Lo expuesto en este capítulo para nada agota el tema, en los textos de Bailo y col. (2004), Williams (2009) y Chen y col. (2010) se hace una excelente exposición general sobre el modelado con variables binarias.

Capítulo 10

OTROS METODOS

10.1 Programación Estocástica.

La Programación Lineal (PL) es un método de optimización determinista, es decir, se considera que todos los parámetros del modelo se conocen con certidumbre, en cambio la **Programación Estocástica (Stochastic Programming)** trata con situaciones donde algunos o todos los parámetros del modelo se describen mediante variables aleatorias. Usualmente las raciones y piensos se formulan con el contenido promedio de nutrientes de los alimentos y con los requerimientos promedio de los animales, dado que generalmente el valor promedio es el valor más probable de ocurrencia en la naturaleza. Asumiendo una Distribución de Probabilidad Normal en el contenido de nutrientes de los alimentos, si se formula con el valor promedio los requerimientos de los animales solo serán cubiertos plenamente en el 50% de los casos y fallarán en el otro 50%. Cuando se requiere disminuir este porcentaje de falla, se hace necesario el empleo de la **Programación con Restricciones Probabilísticas (Chance Constrained Programming)** y el problema deja de ser determinista (certidumbre) para convertirse en estocástico (probabilístico).

Lo más frecuente en la práctica es que solo los nutrientes (coeficientes Aij del modelo) sean tratados como parámetros aleatorios, ya que generalmente existen normas legales que obligan al fabricante a garantizar un nivel mínimo y/o máximo en el contenido de ciertos nutrientes en las mezclas formuladas. Por lo tanto se busca que las raciones y piensos formulados cubran los requerimientos especificados con una determinada probabilidad mínima de cumplimiento, lo cual se puede plantear genéricamente mediante las siguientes dos restricciones, siendo la segunda restricción no lineal:

$$\sum(Aij * Xj) - K\alpha * DSi \geq Bi$$

$$\sqrt{\sum(DSij^2 * Xj^2)} - DSi = 0$$

Donde:

Aij = contenido del i-esimo nutriente en el j-esimo alimento.

Xj = cantidad del j-esimo alimento en la ración o pienso.

Bi = requerimiento del i-esimo nutriente.

DSij = desvío estándar del contenido del i-esimo nutriente en el j-esimo alimento.

DSi = desvío estándar que presenta el i-esimo nutriente en la mezcla final formulada.

Kα= constante que representa el desvío estándar normalizado para lograr una determinada probabilidad de cumplimiento (ej. Kα = 1.65 equivale a una probabilidad del 95%).

Nota: este modelo asume ausencia de dependencia entre los nutrientes, lo cual es lógico de suponer, pues por ejemplo el contenido de proteína del maíz no depende del contenido de proteína de la harina de soja o de ningún otro ingrediente.

En el caso de restricciones probabilísticas del tipo menor o igual las restricciones anteriores se escriben como:

$$\sum(Aij * Xj) + K\alpha * DSi \leq Bi$$

$$\sqrt{\sum(DSij^2 * Xj^2)} - DSi = 0$$

Los modelos estocásticos dado su naturaleza son modelos no lineales y por lo tanto no pueden ser resueltos directamente con PL. Para el caso concreto de la formulación de raciones y piensos se han propuesto y evaluado diferentes enfoques para tratar la falta de linealidad de las **restricciones probabilísticas** (Nott y Combs 1967, Rahman y Bender 1971, Black y Hlubik 1980, St.Pierre y Harvey 1986ab, Sniffen y col. 1993, Tozer 2000), siendo las aproximaciones directas propuestas por Nott y Combs (1967), y Rahman y Bender (1971) las más sencillas de implementar pero algo imprecisas dado que tienden a sobrestimar la probabilidad de cumplimiento de las restricciones (Chen 1973). Hay que tener en cuenta que cuanto mayor es la probabilidad de logro de una restricción probabilística, inevitablemente mayor será el costo total de la ración o pienso, por este motivo las aproximaciones directas de Nott-Combs y Rahman-Bender no suelen ser muy atractivas para la industria (Roush y col. 1996). Los métodos de Nott-Combs y Rahman-Bender aproximan la restricción no lineal anterior mediante la siguiente simplificación directa:

$$\sum(DSij * Xj) - DSi = 0$$

La forma mas precisa de resolver con PL modelos con restricciones probabilísticas es mediante la linealización de las funciones no lineales empleando la **Serie de Expansión de Taylor de Primer Orden** y resolviendo el modelo en forma interactiva mediante el empleo de la **Programación Lineal Sucesiva (Successive Linear Programming)** (St.Pierre y Harvey 1986ab). La Programación Lineal Sucesiva se describe con detalle en Bazzara y col. (2006) entre otros.

Un tratamiento matemático riguroso y una exposición clara de los fundamentos teóricos en los cuales se basan las restricciones probabilísticas y los supuestos estadísticos que se hacen cuando se aplican específicamente a la formulación de raciones y piensos (ausencia de dependencia entre los nutrientes) se puede encontrar en Sniffen y col. (1993).

10.2 Programación Separable.

Todas las funciones de un modelo de PL deben ser lineales y aditivas tal como se describió en el capítulo tres. La **Programación Separable (Separable Programming)** es un artificio matemático que permite resolver mediante PL un caso especial de problemas de **Programación No Lineal (PNL)**, donde la **función objetivo y/o las restricciones no son lineales pero sí aditivas**. La Programación Separable permite aproximar funciones no lineales aditivas a funciones lineales por tramos que pueden ser resueltas mediante PL convencional. Los fundamentos y la implementación de la linealización de funciones con Programación Separable se describen en la mayoría de los textos especializados en programación matemática (ej. Hiller y Lieberman 2002, Taha 1998, Dantzig y Thapa 1997, Bazzara y col. 2006, etc.), siendo la obra de Apland (1986) específicamente dedicada a la Programación Separable aplicada al contexto agropecuario.

La Programación Separable fue uno de los primeros métodos empleados para tratar con problemas no lineales en la formulación de raciones. Dean y col. (1969) emplearon la PL separable para formular dietas de máximo beneficio económico para vacas lecheras en producción y Brokken (1971ab) empleó la PL separable para linealizar el Sistema de Energía Neta para poder formular dietas de mínimo costo para ganado de carne en crecimiento y/o engorde. Vale acotar que posteriormente Harkins y col. (1974) desarrollaron un método mucho más sencillo y mucho más exacto que la Programación Separable para linealizar el Sistema de Energía Neta, el cual es utilizado hasta la actualidad para formular dietas para rumiantes en crecimiento y/o engorde con PL.

Dado que el modelo con restricciones probabilísticas expuesto en el punto anterior para formular raciones y piensos es no lineal pero sí es aditivo, Black y Hlubik (1980) sugirieron que podría ser resulto mediante Programación Separable pero no propusieron ningún modelo.

Para el caso de la formulación de un pienso donde se considera solo el contenido del nutriente n de los alimentos como un parámetro aleatorio, el modelo con restricciones probabilísticas expuesto en el punto anterior se puede linealizar mediante Programación Separable con el siguiente modelo de Programación Lineal Binario Mixto:

Minimizar $\sum Cj * Xj$

Sujeto a:

$\sum Xj = 1$

$\sum Aij * Xj \leq,=,\geq Bi$

$\sum Anj * Xj - K\alpha * DSn >= Req\_n$

Como la restricción de balance establece que la sumatoria de los ingredientes debe ser igual a uno, necesariamente toda variable Xj solo puede tomar en la solución valores entre cero y uno. Descomponiendo cada Xj en tantos posibles valores entre cero y uno como se considere oportuno (ej. 0, 0.1, 0.2, …, 0.9, 1) mediante el empleo de variables continuas auxiliares Xjk y computando el cuadrado de cada posible valor de Xj en la solución se obtiene:

$Xj = 0*Xj_0 + 0.1*Xj_1 + 0.2*Xj_2 + … + 0.9*Xj_9 + 1*Xj_{10}$

$Xj\_cuadrado = (0)^2*Xj_0 + (0.1)^2*Xj_1 + (0.2)^2*Xj_2 + … + (0.9)^2*Xj_9 + (1)^2*Xj_{10}$

Donde además se impone la condición que la sumatoria de las variables auxiliares X_{jk} que representan cada punto de aproximación de X_j en la solución sea igual a la unidad.

$$X_{j0} + X_{j1} + X_{j2} + \ldots + X_{j9} + X_{j10} = 1$$

De manera que si por ejemplo $X_{j2} = 1$ hace obligatoriamente $X_j = 0.2$ y $X_{j\_cuadrado} = (0.2)^2 = 0.04$

Esta aproximación solo garantiza una solución óptima si en la solución final solo una X_{jk} es diferente de cero o solo dos X_{jk} adyacentes (X_{jk} y X_{jk+1}) son diferentes de cero, esto no siempre se cumple en todos los modelos, pero la propiedad de adyacencia siempre se puede garantizar en todos los problemas si se adicionan apropiadamente variables binarias auxiliares (Y_{jk}) al modelo:

$X_{j0} \leq Y_{j1}$

$X_{j1} \leq Y_{j1} + Y_{j2}$

$X_{j2} \leq Y_{j2} + Y_{j3}$

$X_{j3} \leq Y_{j3} + Y_{j4}$

$\ldots\ldots\ldots\ldots\ldots$

$X_{j9} \leq Y_{j9} + Y_{j10}$

$X_{j10} \leq Y_{j10}$

Donde además se impone que solo una de las variables binarias auxiliares Y_{jk} que garantizan la propiedad de adyacencia de las variables continuas X_{jk} se active a nivel uno y en consecuencia las demás variables binarias auxiliares deben ser necesariamente igual a cero:

$$Y_{j1} + Y_{j2} + Y_{j3} + \ldots + Y_{j9} + Y_{j10} = 1$$

Por ejemplo, si la variable binaria $Y_{j3} = 1$ hace obligatoriamente $X_{j2} \leq 1$ y $X_{j3} \leq 1$ que por efecto de la restricción que hace la sumatoria de las variables continuas X_{jk} igual a la unidad equivale a $X_{j2} + X_{j3} = 1$, cumpliéndose así la propiedad de adyacencia.

Para facilitar la manipulación de la restricción estocástica no lineal se la elevó al cuadrado para eliminar el término raíz cuadrada de la misma, de manera que se transforma en:

$$\sum (DS_j)^2 * X_{j\_cuadrado} - DSn_{\_cuadrado} = 0$$

Donde DS_j es el desvío estándar del nutriente n que presenta el alimento j.

Luego de aproximar todas las variables X_j de la manera que se describió anteriormente, el último término separable es el desvío estándar que presenta el nutriente en cuestión (DSn) en la mezcla final formulada, DSn se descompone en un determinado número de puntos entre el desvío estándar (DS) del ingrediente que presente el menor DS del nutriente en cuestión (DS_0) y el DS del ingrediente que presente el mayor DS

de dicho nutriente (DS_m) ya que la desviación estándar de la mezcla final formulada siempre se encontrará dentro de este rango, de manera que:

$DSn = DS_0 * DSn_0 + DS_1 * DSn_1 + DS_2 * DSn_2 + ... + DS_m * DSn_m$

$DSn_{\_cuadrado} = (DS_0)^2 * DSn_0 + (DS_1)^2 * DSn_1 + ... + (DS_m)^2 * DSn_m$

$DSn_0 + DSn_1 + DSn_2 + ... + DSn_m = 1$

$DSn_0 \leq Z_1$

$DSn_1 \leq Z_1 + Z_2$

$DSn_2 \leq Z_2 + Z_3$

....

$DSn_{m-1} \leq Z_{m-1} + Z_m$

$DSn_m \leq Z_m$

$Z_1 + Z_2 + ... + Z_{m-1} + Z_m = 1$

Donde Z_j son variables binarias auxiliares que garantizan la propiedad de adyacencia del desvío estándar del nutriente en cuestión.

Se debe tener presente que cuanto mayor sea el número de puntos o segmentos en que se aproxima una variable mayor es la exactitud de la solución.

10.3 Programación Interactiva.

La **Programación Lineal Interactiva** es un término genérico que engloba un gran número de enfoques para resolver problemas no lineales relativamente complejos mediante la resolución interactiva de un conjunto de problemas lineales.

En la formulación de raciones y piensos es frecuente encontrar relaciones no lineales, como por ejemplo, descuentos por cantidad en la compra de materias primas, reducción en el contenido de NDT o EM de la dieta final a medida que disminuye la relación forraje:concentrado de la misma, disminución en la eficiencia de utilización de determinados nutrientes a medida que éste o sus antagonistas aumentan en la dieta, relación no lineal entre el consumo de materia seca y la densidad energética de la dieta, etc.

Este método de resolución de problemas no lineales ha sido empleado en la formulación de raciones por diferentes autores y bajo diferentes enfoques (ej. Carlson 1974, St. Pierre y Harvey 1986ab, García Martínez y col. 1998, Tedeschi y col. 2000).

10.4 Programación Fraccional.

La **Programación Lineal Fraccional (PLF; Fractional Linear Programming)** se ocupa de aquellos problemas en que la función objetivo a optimizar es una razón (división) entre dos funciones lineales sujetas a una serie de restricciones lineales. En la formulación de raciones y piensos es frecuente querer optimizar la relación entre determinados nutrientes, ingredientes y otros atributos de importancia productiva y/o económica. Por ejemplo, optimizar la relación costo de la dieta : ganancia diaria de peso vivo, proteína : energía, forraje : concentrado, relación ingreso por unidad de producto producido o por unidad de insumo consumido, etc. Dado que los modelos de Programación Fraccional no son lineales, para poder resolverlos con PL se los debe transformar a un modelo lineal, la forma más sencilla de hacerlo es a través del **método de Charnes-Cooper** el cual se describe en la mayoría de las obras especializadas (ej. Hiller y Lieberman 2002, Taha 1998, Bazzara y col. 2006, etc.). Diversos autores han empleado la Programación Fraccional para formular dietas para animales bajo diferentes enfoques (ej. Lara 1993, Castrodeza y col. 2005, Peña y col. 2009).

Un modelo de PLF se puede expresar en forma genérica como:

Minimizar $\dfrac{\sum C_j * X_j + \alpha}{\sum P_j * X_j + \beta}$

Sujeto a:

$$\sum Aij * Xj \leq, =, \geq \quad Bi$$

Donde α y β son constantes numéricas de las funciones del numerador y del denominador de la función objetivo respectivamente y el denominador de la función objetivo es estrictamente positivo:

$$\sum Pj * Xj + \beta > 0$$

El modelo de PLF anterior se puede transformar a un modelo de PL mediante el **método de Charnes-Cooper** de la siguiente manera:

1) Sustituir en el modelo original las variables Xj por las variables asociadas Yj.
2) Multiplicar las constantes de la función objetivo por la variable auxiliar t.
3) Multiplicar el lado derecho de todas las restricciones por la variable auxiliar t y realizar la correspondiente transposición de los términos.
4) Eliminar el denominador de la función objetivo y transformarlo en una restricción cuyo lado derecho es igual a uno.
5) Resolver el problema lineal resultante.
6) Calcular los valores de Xj del modelo original a partir de los valores de Yj y de la variable auxiliar t, de la siguiente manera: Xj = Yj / t

Con la transformación de Charnes-Cooper el modelo anterior de PLF se convierte en el siguiente modelo de PL equivalente:

Minimizar $\sum Cj * Yj + \alpha * t$

Sujeto a:

$\sum Aij * Yj - Bi * t \leq,=,\geq 0$

$\sum Pj * Yj + \beta * t = 1$

Una vez resulto el problema lineal se calcula el valor de las variables de decisión del modelo original como:

$Xj = Yj / t$

En cambio cuando el denominador de la función objetivo es estrictamente negativo:

$\sum Pj * Xj + \beta < 0$

El modelo de Charnes-Cooper se plantea como:

Minimizar $\sum - Cj * Yj - \alpha * t$

Sujeto a:

$\sum Aij * Yj - Bi * t \leq,=,\geq 0$

$\sum - Pj * Yj - \beta * t = 1$

Cuando el denominador de la función objetivo puede tomar valores tanto negativos como positivos, existe en el espacio de la solución una combinación de valores de Xj que hacen que el denominador de la función objetivo sea igual a cero y por lo tanto el problema de PLF es no acotado y no posee solución. En otras palabras el denominador de la función objetivo necesariamente debe ser diferente de cero.

10.5 Programación Difusa.

La PL convencional asume que todos los parámetros del modelo se conocen con certidumbre, en cambio la **Programación Lineal Borrosa o Difusa (PLD; Fuzzy Linear Programming)** trata aquellos casos en donde algunos o todos los parámetros del modelo no se pueden determinar con certeza pero sí pueden ser definidos con vaguedad o en términos imprecisos (mediante números borrosos), esto no significa que el centro decisor ignore el valor de dichos parámetros sino que simplemente no los puede expresar con precisión. Existen tres tipos principales de problemas de PLD según la imprecisión se establezca en las restricciones (Bi), en la matriz tecnológica (coeficientes Aij y Bi) o en los costos (Cj) de la función objetivo, existiendo en la literatura una diversidad de métodos y modelos para resolver estos tipos de problemas. Debido a la naturaleza imprecisa de los datos no existe una única solución para este tipo de problemas, la solución dependerá básicamente del método de comparación de cantidades imprecisas que se emplee cuya elección quedará a criterio del centro decisor.

Frecuentemente la información que posee el decisor no es precisa en el sentido que pueda determinar exactamente los valores de los parámetros que intervienen en un determinado problema sino que por el contrario dispone de información del tipo: "el consumo de alimento de los animales es de aproximadamente 2.6% del peso vivo", "el contenido de proteína de la partida de maíz en stock es del entorno del 9 %PB", "el precio del sorgo estará alrededor de 210 U$S/ton", etc., que son en todos los casos, informaciones que contienen un predicado vago. En la lógica clásica todos los datos se simplifican mediante la supresión del contenido impreciso que suponían, es decir, se establece que: "el consumo de alimento de los animales no debe ser superior al 2.6% del peso vivo", "el precio del sorgo es de 210 U$S/ton", etc., con lo cual la naturaleza del problema inicial se ha cambiado, pasando de un problema de datos imprecisos a uno de datos exactos (certidumbre), lo cual conduce a una solución que no tiene por qué ser la óptima del problema inicial ya que la naturaleza de los datos se ha alterado.

Diversos autores han empleado la PLD para formular raciones para animales (Cadenas y col. 2004; Vergara y col. 2006; Darvishi y col. 2011) con el fin de tratar de reducir el costo de las mismas, siendo quizás la PL con restricciones difusas una de las variantes que mejor se adaptan a la formulación de raciones y piensos ya que generalmente las dietas no son formuladas para un animal especifico en condiciones de alimentación

203

controlada, sino que por el contrario son generalmente formuladas para un grupo de animales que suelen tener cierto grado de heterogeneidad en edad, peso, productividad, consumo voluntario de alimentos, eficiencia de conversión, condiciones ambientales, etc. y por lo tanto sus requerimientos nutricionales no pueden ser especificados con precisión para cada uno de ellos. La PLD es una herramienta que permite encontrar "buenas" soluciones para aquellos problemas en los cuales encontrar la solución óptima no es fácil.

En la **Programación Lineal con Restricciones Difusas o Borrosas** se asume que puede haber cierta tolerancia en el cumplimiento de las restricciones y por lo tanto se está dispuesto a permitir cierto margen de violación de las mismas. Dado que en este caso los recursos (coeficientes Bi) del modelo no son conocidos con precisión, para cada recurso en cuestión se establece una cantidad deseable *Bi*, pero se acepta la posibilidad que sea mayor y/o menor hasta un tope máximo *Bi+Ti_sup* o un tope mínimo *Bi-Ti_inf* respectivamente, donde *Ti_sup* y *Ti_inf* son los niveles de tolerancia superior e inferior. Por ejemplo, si se establece como deseable un 18 %PB (*Bi*) pero se acepta la posibilidad que el pienso a formular pueda llegar a poseer hasta un mínimo de 16 %PB (*Bi-Ti_inf*), entonces se estará aceptando un nivel de tolerancia (*Ti_inf*) de 2 puntos porcentuales en el contenido de proteína del pienso (18 – 2 = 16), lo cual puede representarse genéricamente mediante la siguiente función de pertenencia lineal normalizada:

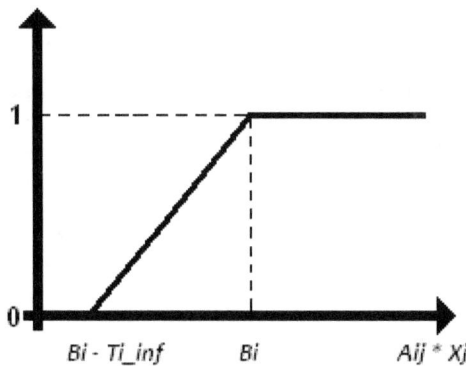

Lo cual puede representarse mediante la siguiente restricción difusa:

$$\sum Aij * Xj \geq Bi - Ti\_inf * (1 - \alpha)$$

Donde α varía entre 0 y 1, y establece el grado de cumplimiento de la restricción, si es igual a uno significa que se cumple plenamente la restricción con la cantidad deseable *Bi* y si es igual a cero significa que la restricción se relaja hasta su máximo nivel de tolerancia especificado. Los valores intermedios entre cero y uno indican grados intermedios de cumplimiento de las restricciones, obviamente cuanto más próximo a uno se encuentre α mayor es el grado de cumplimiento de las restricciones pero más restrictivo es el problema y en consecuencia es de esperar en una minimización (maximización) un mayor (menor) valor de la función objetivo en el óptimo.

El problema de la formulación de una ración o pienso al mínimo costo con PLD en la cual solo las restricciones son consideradas borrosas se puede plantear genéricamente mediante la **aproximación de Verdegay** como el siguiente modelo de PL paramétrica:

Minimizar $\sum Cj * Xj$

Sujeto a:

$\sum Aij * Xj \leq Bi + Ti\_sup * (1 - \alpha)$

$\sum Aij * Xj \geq Bi - Ti\_inf * (1 - \alpha)$

Donde:

Xj = cantidad del j-esimo ingrediente en la ración o pienso.

Cj = costo por unidad del j-esimo ingrediente.

Aij = aporte del i-esimo nutriente realizado por el j-esimo ingrediente.

Bi = requerimientos del i-esimo nutriente.

Ti_sup, Ti_inf = cantidad en la cual pueden ser violados (relajados) los requerimientos del i-esimo nutriente (ej. relajación en ± 10% en los requerimientos energéticos promedio de los animales).

α = constante a parametrizar entre 0 y 1 (ej. 0, 0.1, 0.2, ..., 0.9, 1) que establece el grado de cumplimiento de las restricciones.

Al parametrizar α se obtiene un conjunto de soluciones difusas que constituye una serie de raciones o piensos con diferentes características nutricionales y diferentes costos de las cuales el nutricionista (centro decisor) elegirá aquella solución que mejor satisfaga sus expectativas.

A modo de ejemplo se formulará un pienso para terneros en crecimiento con un mínimo de 18% PB, además se desea que éste contenga al menos 80% NDT aceptándose un nivel de tolerancia de hasta menos 5 puntos porcentuales, no más de 10% ADF aceptándose un nivel de tolerancia de 1 punto porcentual y alrededor de 30% de afrechillos con un nivel de tolerancia superior e inferior de 10 y 15 puntos porcentuales respectivamente.

Para ello se contará como ingredientes con maiz, sorgo, afrechillo de arroz (Af_Arroz), afrechillo de trigo (Af_Trigo) y harina de soja (HSoja).

Empleando la aproximación de Verdegay el problema se puede plantear como el siguiente modelo de PL paramétrica:

```
Minimizar 0.245 * Maiz + 0.150 * Sorgo + 0.110 * Af_Arroz
+ 0.115 * Af_Trigo + 0.510 * HSoja
```

Sujeta a las clásicas restricciones de balance y de transferencia:

```
Maiz + Sorgo + Af_Arroz + Af_Trigo + HSoja = 1

Af_Arroz + Af_Trigo - AFRECH = 0
```

```
90 * Maiz + 82 * Sorgo + 76 * Af_Arroz + 70 * Af_Trigo +
87 * HSoja - NDT = 0

9 * Maiz + 9 * Sorgo + 15 * Af_Arroz + 17 * Af_Trigo + 45
* HSoja - PB = 0

7 * Maiz + 10 * Sorgo + 14 * Af_Arroz + 13 * Af_Trigo +
10 * HSoja - ADF = 0
```

Los requerimientos de proteína bruta se establecen como:

```
PB      >= 18
```

Mientras que las restricciones difusas con sus respectivos márgenes de tolerancia se escriben como:

```
NDT    >= 80    -    5 * (1 - Alfa)
ADF    <= 10    +    1 * (1 - Alfa)
AFRECH <= 0.30 + 0.10 * (1 - Alfa)
AFRECH >= 0.30 - 0.15 * (1 - Alfa)
```

Donde Alfa es una constante a parametrizar entre 0 y 1.

Parametrizando el valor de Alfa entre 0 y 1 a intervalos de 0.2 y resolviendo el modelo con LINGO se obtiene el siguiente conjunto de soluciones difusas:

Alfa	0	0,2	0,4	0,6	0,8	1,0
COSTO	0,200	0,207	0,214	0,221	0,227	0,234
Maiz	0,067	0,113	0,160	0,207	0,253	0,300
Sorgo	0,372	0,341	0,310	0,279	0,248	0,217
Af_Arroz	0,000	0,000	0,000	0,000	0,000	0,000
Af_Trigo	0,400	0,380	0,360	0,340	0,320	0,300
HSoja	0,161	0,166	0,170	0,174	0,179	0,183
AFRECH	0,400	0,380	0,360	0,340	0,320	0,300
% NDT	78,5	79,2	79,8	80,4	81,1	81,7
% ADF	11,0	10,8	10,6	10,4	10,2	10,0
% PB	18,0	18,0	18,0	18,0	18,0	18,0

Para este ejemplo en particular el centro decisor podría perfectamente preferir el pienso formulado con Alfa igual a 0.4 sobre el pienso formulado con PL convencional (Alfa = 1) sin mayores consecuencias nutricionales, ahorrándose así 20 U$S/Tonelada de pienso formulado (234 – 214 = 20). Si se parametriza Alfa en intervalos más pequeños se genera un mayor número de soluciones lo cual podría generar una solución más atractiva que la actualmente elegida por el centro decisor. Este ejemplo pone de relevancia la manera en que el centro decisor hace preferencia por una determinada solución sobre el resto del conjunto difuso de soluciones, en el caso concreto de la formulación de raciones y piensos esto requiere por parte del centro decisor un sólido conocimiento sobre alimentación y nutrición animal como para poder valorar el efecto que causará el pienso o la ración seleccionada sobre la performance animal y el retorno económico de la misma.

La lógica difusa y la filosofía en la cual subyace la PLD son mucho más complejas que la breve introducción hecha aquí, en Cadenas y Verdegay (2004) se hace una descripción detallada de las diferentes variantes de la PLD y de sus métodos de solución.

Capítulo 11

DECISIONES MULTICRITERIO

A) Generalidades

11.1 Introducción.

Uno de los supuestos básicos de la Programación Lineal (PL) es la existencia de un único objetivo a optimizar, en el caso concreto de la formulación de raciones y piensos este objetivo usualmente es la minimización del costo total de la mezcla final formulada. Si bien esto puede ser válido en diversas situaciones deja de serlo cuando lo que se pretende es optimizar varios objetivos a la vez, como por ejemplo minimizar el costo de la ración, maximizar el contenido de proteína, minimizar la relación calcio:fósforo, maximizar el uso de determinados ingredientes, etc. Dichos objetivos suelen estar en conflicto, es decir al intentar mejorar un objetivo inevitablemente se empeora otro, con lo cual no es posible lograr que todos ellos alcancen el óptimo en una única solución. La **Programación Multicriterio** es un término genérico que abarca un gran número de técnicas tanto continuas como discretas que tratan de brindar soluciones eficientes para aquellos problemas que poseen más de un objetivo a optimizar.

Diversas técnicas de Programación Multicriterio (ej. Programación Multiobjetivo, Programación por Metas, Programación Compromiso, Programación Multimeta Interactiva, Programación Multiobjetivo Fraccional, etc.) han sido aplicadas específicamente al caso de la formulación de raciones y piensos (Rehman y Romero 1984, 1987; Neal y col. 1986; Lara y Romero 1992, 1994; Lara 1993; Tozer y Stokes 2001; Zhang y Roush 2002; Castrodeza y col. 2005; Peña y col. 2009) y al contexto agropecuario en general (ej. Romero y Rehman 2003; Lara y Stancu-Minasian 1999; Maino y col. 1993).

11.2 Definiciones y Conceptos.

Para un mejor entendimiento de los métodos y de la filosofía de la Programación Multicriterio a continuación se definirán algunos conceptos esenciales:

✓ **Centro Decisor:** Es un individuo o grupo de individuos encargados de elegir la mejor solución entre el conjunto de soluciones posibles.

✓ **Atributo:** Es una medida de los valores con el cual el Centro Decisor aborda un determinado problema decisional, como por ejemplo el costo, el ingreso, la eficiencia, la relación entre nutrientes, etc., y se expresa mediante una función de las variables de decisión.

✓ **Objetivo:** Es la dirección en la cual el Centro Decisor desea optimizar un atributo (maximizar o minimizar), por ejemplo minimizar el costo de la ración, maximizar la relación proteína:energía, minimizar la relación calcio:fósforo, maximizar la inclusión de maíz, etc.

✓ **Nivel de aspiración:** Representa un nivel aceptable de logro para el correspondiente atributo (ej. 220 U$S/Tonelada de costo, relación calcio:fósforo 2:1, etc.).

✓ **Meta:** Es la combinación de un atributo (ej. costo de la ración) con un determinado nivel de aspiración (ej. 220 U$S/Tonelada de ración). Por ejemplo, el deseo de formular un pienso con un costo máximo de 200 U$S/Tonelada es una meta. Debe tenerse presente que una meta es simplemente la expresión de un nivel de logro aceptable de un atributo y por lo tanto puede o no ser alcanzada, es decir una meta puede ser violada, su falta de logro se cuantifica mediante las variables de desviación negativas y positivas.

✓ **Variable de Desviación Negativa:** Variable que mide la falta de logro de una meta con respecto a su nivel de aspiración.

✓ **Variable de Desviación Positiva:** Variable que mide el exceso de logro de una meta con respecto a su nivel de aspiración.

✓ **Criterio:** Es un término genérico que engloba los conceptos de atributo, objetivos o metas. En otras palabras, los criterios constituyen los atributos, objetivos o metas que se consideran relevantes para un cierto problema decisional.

✓ **Restricciones:** Poseen el mismo significado que en la PL, son un conjunto de ecuaciones y/o inecuaciones que obligatoriamente deben ser satisfechas. Las restricciones se diferencian de las metas porque estas últimas pueden o no ser cumplidas, mientras que si las restricciones no pueden ser cumplidas el problema no es factibles y por lo tanto no tiene solución.

✓ **Solución Eficiente:** También denominada **Solución Optima de Pareto** o **Solución No Dominada**, son aquellas soluciones factibles en las cuales no se puede mejorar un atributo sin producir un empeoramiento en al menos otro de los atributos. Como los diferentes atributos suelen estar en conflicto generalmente no se puede lograr que todos los atributos alcancen su óptimo en una única solución. Por lo tanto mas que buscar un óptimo único, en la Programación Multicriterio se busca determinar el conjunto de soluciones eficientes o Pareto óptimas. Por ejemplo, si un Centro Decisor posee tres atributos a optimizar en la formulación de un pienso: minimizar el costo, maximizar el contenido de PB y minimizar el contenido de ADF, y obtiene las siguientes soluciones factibles:

SOLUCION	Costo (U$S/Ton)	PB (%)	ADF (%)
A	260	15	9
B	260	15	10
C	300	18	10

De acuerdo con la definición de eficiencia, la solución B es una solución inferior y nunca será elegida por un Centro Decisor racional ya que está dominada por la solución A. En efecto y aunque tanto para el caso del costo como para el contenido de PB ambas coinciden, el contenido de ADF dado por la solución A es mejor que el de la solución B. Por el contrario la solución C es eficiente porque no esta dominada por A, ya que a pesar que en términos de costo y ADF es peor, es sin embargo mejor en términos del contenido de PB. En otras palabras una solución es dominada por otra cuando el nivel de logro de todos los atributos es igual o peor que el nivel de logro de los atributos de otra solución. Existen diferentes enfoques o técnicas para generar o al menos aproximarse al conjunto de soluciones eficientes en un problema de Decisión Multicriterio.

✓ **Solución No Eficiente:** También conocida como **Solución No Optima de Pareto** o **Solución Dominada,** son aquellas soluciones factibles en las cuales se puede mejorar un atributo sin empeorar los otros atributos.

✓ **Tasa de Intercambio (Trade-Off):** La Tasa de Intercambio entre dos Criterios mide la cantidad que se sacrifica de un Criterio cuando se produce un incremento unitario en el otro. Es un buen índice para medir el costo de oportunidad de un Criterio en términos del otro Criterio bajo consideración. La tasa de intercambio entre el Costo y el contenido de PB de las soluciones eficientes A y C del ejemplo anterior se calcula como:

$$TI = \frac{(300-260)}{(18-15)} = 13.33 \text{ U\$S/Unidad de PB}$$

Esto significa que por cada unidad de PB que disminuye en el pienso, el costo del mismo se reduce en U\$S 13.33/Ton.

✓ **Punto Ideal:** Es el valor óptimo que alcanzan los diferentes objetivos cuando son optimizados individualmente. Cuando los objetivos están en conflicto este punto ideal queda fuera de la región factible y por lo tanto es inalcanzable. El punto ideal sirve como referencia para determinar cuan alejada está una determinada solución de aquella en la cual todos los objetivos alcanzan el óptimo.

✓ **Punto Anti-ideal:** Solución normalmente no eficiente en la que los diferentes objetivos alcanzan su peor valor. El punto ideal y el anti-ideal sirven para computar el recorrido (amplitud) de un atributo.

✓ **Normalización de Criterios:** Como los diferentes atributos de un problema de Decisión Multicriterio suelen expresarse en diferentes unidades (ej. unidades monetarias, porcentaje, kilogramo, partes por millón, etc.) y alcanzar valores absolutos muy diferentes en la solución (ej. 300 U$S/Toneladas, 18% de PB, 3 kg de maíz, 2 ppm de cobre, etc.) no pueden ser comparados directamente, por lo tanto deben ser homogenizados (normalizados) en una misma unidad de medida común a todos, de esta manera se pueden comparar atributos con unidades y valores absolutos muy diferentes. Existen diferentes enfoques para normalizar los atributos como por ejemplo: porcentaje, normalización cero-uno, normalización Euclidiana, etc.

11.3 Métodos de Programación Multicriterio.

En el campo de la Teoría de las Decisiones Multicriterio existen distintos enfoques matemáticos para generar o al menos aproximarse al conjunto de soluciones eficientes, como por ejemplo:

✓ **Programación por Metas:** En la Programación por Metas el centro decisor más que optimizar una o varias funciones objetivo intenta que una serie de metas relevantes para su problema se aproximen lo máximo posible a unos niveles de aspiración fijados de antemano. Este método tiene como principal inconveniente que requiere por parte del centro decisor el conocimiento preciso de los niveles de aspiración de los diferentes atributos y la importancia relativa de las metas.

✓ **Programación Multiobjetivo:** En la Programación Multiobjetivo también llamada Optimización Vectorial se busca optimizar simultáneamente una serie de objetivos en conflicto. Como es imposible encontrar una única solución óptima cuando existen objetivos en conflicto, la Programación Multiobjetivo en vez de buscar una solución óptima trata de generar el conjunto de soluciones eficientes. Este método tiene como principal inconveniente que genera un gran número de soluciones eficientes, éste hecho es indeseable porque sobrecarga con información al centro decisor y dificulta enormemente la elección de la mejor solución entre el conjunto de soluciones eficientes. Este método es práctico únicamente con problemas pequeños cuando el número de objetivos a optimizar se limita a dos o tres.

✓ **Programación Compromiso:** Este método busca la solución eficiente que se encuentre más próxima al punto ideal, ésta se denomina solución compromiso. Como ya fue definido en la sección anterior, el punto ideal es aquel donde todos los objetivos alcanzan el valor óptimo, al estar en conflicto los diferentes objetivos este punto es inalcanzable y constituye solo un punto de referencia para el centro decisor. Dependiendo de la medida de distancia utilizada (métrica elegida) se puede establecer un conjunto de soluciones compromiso que es un subconjunto del conjunto de soluciones eficientes. La Programación Compromiso es un complemento natural de la Programación Multiobjetivo que busca acotar el conjunto de soluciones eficientes pero tiene como posible debilidad la perdida de información de aquella parte del conjunto eficiente que queda excluida del conjunto compromiso, que en algunos casos pueden ser soluciones relevantes para el centro decisor.

✓ **Programación Multimeta:** La Programación Multimeta es un híbrido entre la Programación Multiobjetivo y la

Programación por Metas, filosófica y metodológicamente se encuentra a mitad de camino entre ambos métodos que le dieron origen.

✓ **Métodos Interactivos:** Los métodos interactivos Multicriterio (ej. Método STEM, Zionts-Wallenius, etc.) requieren una progresiva evolución y definición de las preferencias por parte del centro decisor, en cada interacción el centro decisor indica si la solución actual le satisface o debe mejorarse en una determinada dirección. Estos métodos tienen como inconveniente que requieren por parte del centro decisor una adecuada valoración de las tasas de intercambio (trade-off) entre los diferentes criterios para poder determinar en que dirección debe mejorarse la solución actual si ésta no le satisface.

Como puede apreciarse no existe un único método que sea considerado el mejor para resolver todos los tipo de problemas Multicriterio, el método de elección para un determinado problema va a depender del tamaño, de la complejidad y de las características del problema Multicriterio en cuestión y del grado de información y control que posea el centro decisor sobre el sistema.

Los principios y métodos de solución de las principales técnicas de Programación Multicriterio son descritas con detalle en los textos de Romero y Rehman (2003), Romero (1996), y Jones y Tamiz (2010) entre otros.

11.4 Comentario Final.

Este capítulo es simplemente una breve introducción a la Teoría de las Decisiones Multicriterio. La Programación Multicriterio es un amplio campo de la matemática aplicada que está en continuo desarrollo y presenta un gran potencial de aplicación en diversos problemas de la vida real, los lectores interesados en profundizar en los diferentes métodos de las Decisiones Multicriterio así como en los últimos avances en la materia pueden consultar entre otros los textos de Romero y Rehman (2003), Jones y Tamiz (2010), Zopounidis y Pardalos (2010), y Fernández y Caballero (2002).

Capítulo 12

DECISIONES MULTICRITERIO

B) Programación por Metas

12.1 Introducción.

La **Programación por Metas (Goal Programming)** es una de las técnicas más empleadas en el campo de la toma de Decisiones Multicriterio. Filosóficamente la Programación por Metas (PM) se apoya en el concepto de la búsqueda de **soluciones satisfacientes** (soluciones satisfactorias y suficientes) donde el centro decisor más que optimizar una o varias funciones objetivo intenta que una serie de metas relevantes para su problema se aproximen lo máximo posible a los niveles de aspiración fijados de antemano, esto implica que el centro decisor está interesado en minimizar la falta de logro de las correspondientes metas y de esta manera intenta obtener una solución satisfactoria y suficiente (satisfaciente) para su problema.

Recientemente se han realizado excelentes revisiones sobre la PM (Tamiz y col. 1998, González-Pachón y Romero 2010, Jones y Tamiz 2010). La PM ha sido empleada específicamente para la formulación de raciones y piensos bajos diferentes enfoques en forma pionera por Rehman y Romero (1984, 1987), Neal y col. (1986) y Lara y Romero (1992, 1994), y más recientemente por Zgajnar y col. (2009, 2010).

Willis y Perlack (1980) señalaron que la PM es una herramienta extremadamente útil en aquellas situaciones en que el centro decisor comanda el sistema en cuestión y donde el centro decisor generalmente posee una clara noción de los niveles de aspiración y de la importancia relativa de las metas, por lo tanto la PM aparece como uno de los métodos Multicriterio más idóneos para formular raciones y piensos, pues generalmente los nutricionistas suelen identificar con relativa facilidad los atributos y los niveles de aspiración de los nutrientes e ingredientes relevantes para un problema de alimentación en concreto. Un tema más complejo para el nutricionista es establecer con precisión la importancia relativa de las metas, esto implica una adecuada valoración de las tasas de intercambio (trade-off) entre los diferentes atributos, dicha dificultad se puede mitigar en parte realizando un análisis de sensibilidad de las preferencias relativas.

12.2 Modelo genérico de Programación por Metas.

Un modelo de PM consta de tres elementos básicos: metas, restricciones y función de logro.

A) *Establecimiento de las metas.*

El primer paso para formular un modelo de PM es fijar los atributos que son relevantes para el problema y asignarle a cada uno de ellos un nivel de aspiración, luego se escriben las metas como restricciones blandas que pueden ser violadas en caso de ser necesario a través de las variables de desviación. Las variables de desviación negativas cuantifican la falta de logro de una meta con respecto a su nivel de aspiración, mientras que las variables de desviación positivas miden el exceso de logro de una meta con respecto a su nivel de aspiración. Genéricamente la i-esima meta se puede escribir como:

$$\sum A_{ij} * X_j + N_i - P_i = T_i$$

Donde:

$\sum A_{ij} * X_j$ = representa al i-esimo atributo (ej. costo del pienso, porcentaje de PB, Mcal de EM, etc.).

N_i = i-esima variable de desviación negativa.

P_i = i-esima variable de desviación positiva.

Ti = i-esimo nivel de aspiración (ej. 230 U$S/Ton, 16% PB, 2.5 Mcal de EM, etc.).

Variables de desviación no deseadas. Una variable de desviación es no deseada cuando al centro decisor le conviene que alcance el valor más pequeño posible (cero), por lo tanto las variables de desviación no deseadas son las variables a minimizar en la función de logro. Existen tres posibles situaciones:

1) El centro decisor desea que el i-esimo atributo sea **mayor o igual** ($\geq$) a su nivel de aspiración (Ti), por lo tanto la variable de desviación no deseada (a minimizar) será la **variable de desviación negativa** (Ni) que cuantifica la falta de logro de la i-esima meta.

2) El centro decisor desea que el i-esimo atributo sea **menor o igual** ($\leq$) a su nivel de aspiración (Ti), por lo tanto la variable de desviación no deseada (a minimizar) será la variable de **desviación positiva** (Pi) que cuantifica el exceso de logro de la i-esima meta.

3) El centro decisor desea que el i-esimo atributo **alcance exactamente** (=) su nivel de aspiración (Ti), en estos casos tanto la variable de **desviación negativa** (Ni) como la variable de **desviación positiva** (Pi) son variables no deseadas y por lo tanto variables a minimizar.

B) *Establecimiento de las restricciones.*

En un modelo de PM las restricciones se escriben en la forma usual como en la PL y a diferencia de las metas no pueden ser violadas, deben ser cumplidas bajo cualquier circunstancia.

C) *Forma de la función de logro.*

El propósito de la PM es minimizar las variables de desviación no deseadas. El proceso de minimización puede abordarse bajo diferentes enfoques, de modo que cada método o manera conduce a una variante diferente de la PM (ej. Programación por Metas Ponderadas, Lexicográficas, MINMAX, Interactiva, Extendida, etc.). En este texto se abordará únicamente la **Programación por Metas Ponderadas** por ser de los métodos Multicriterio uno de los más pragmáticos para formular raciones y piensos.

La función de logro de la **Programación por Metas Ponderadas (Weighted Goal Programming)** consiste en la minimización de las variables de desviación no deseadas ponderadas por su importancia relativa, es decir, es una única función agregada que minimiza la suma de todas las variables de desviación no deseadas existentes en el modelo en cuestión. Por ejemplo, considérese la siguiente función de logro con tres metas:

Minimizar $n1 + (n2 + p2) + p3$

Esta función de logro expresa que el centro decisor desea que las metas número uno, dos y tres respectivamente sean mayor o igual, igual, y menor o igual a sus correspondientes niveles de aspiración.

Normalización de criterios. Otro aspecto importante es la normalización de criterios. En la PM el método de **normalización** mas empleado es el que consiste en dividir cada variable de desviación no deseada por su nivel de aspiración, de esta manera se trabaja con desviaciones proporcionales que no tienen dimensión. Por ejemplo, la función de logro anterior quedaría como:

$$\text{Minimizar } \frac{n1}{T1} + \frac{(n2 + p2)}{T2} + \frac{p3}{T3}$$

Donde T1, T2 y T3 son los niveles de aspiración de los atributos uno, dos y tres respectivamente.

Este método de normalización no es aplicable cuando algún atributo tiene un nivel de aspiración igual a cero. Tamiz y col. (1998) y Jones y Tamiz (2010) describen diferentes métodos de normalización empleados en la PM y sus correspondientes ventajas y desventajas.

Pesos preferenciales o de penalización de las metas. Finalmente se introduce en la función de logro los **pesos preferenciales**

(Wi) que indican la importancia relativa que el centro decisor asigna a la satisfacción de cada meta. Continuando con el ejemplo anterior la función de logro quedaría como:

$$\text{Minimizar} \quad \frac{W1 * n1}{T1} + \frac{W2 * (n2 + p2)}{T2} + \frac{W3 * p3}{T3}$$

Donde W1, W2 y W3 son los pesos preferenciales relativos que indican la importancia de logro de las metas uno, dos y tres respectivamente. Los coeficientes Wi también se denominan **coeficientes de penalización** de las variables de desviación no deseadas.

Por ejemplo si W1 = 1, W2 = 3 y W3 = 6, significa que el logro de la meta tres es 6 veces mas importante que el logro de la meta uno y el doble que la meta dos. En cambio el logro de la meta dos es 3 veces más importante que el logro de la meta uno y la mitad de importante que la meta tres. El centro decisor puede establecer los pesos preferenciales de una forma totalmente subjetiva o a través de procedimientos más analíticos (ej. AHP o Analytic Hierarchy Process, análisis de sensibilidad de los coeficientes Wi, en forma interactiva, etc.).

12.3 Ejemplo de Aplicación.

A modo de ejemplo se formulará un suplemento energético para terneros destetados pastoreando campo nativo de mediana calidad con baja disponibilidad forrajera, se desea que el pienso posea las siguientes características nutricionales:

- ✓ Mínimo 75% NDT
- ✓ Mínimo 16% PB
- ✓ Máximo 10% ADF
- ✓ Mínimo 0.45% P
- ✓ Máximo 1.2% Ca
- ✓ Relación Ca:P entre 1:1 a 2:1
- ✓ Máximo 1% de sal
- ✓ Mínimo 10% de maíz, máximo 30% de sorgo y máximo 50% de afrechillos

Se dispone como ingredientes de maíz, sorgo, afrechillo de arroz (Af_Arroz), afrechillo de trigo (Af_Trigo), harina de soja (HSoja), expeller de girasol (EGirasol), carbonato de calcio (Carb_Ca), fosfato bicálcico (Fos_BiCa) y sal.

La formulación del pienso anterior al mínimo costo empleando la PL convencional arroja el siguiente resultado:

```
Costo    = 0.2014 U$S/Kg MS
```

Composición nutricional:

```
NDT   = 76.4%
EM    =  2.76 Mcal/Kg MS
PB    = 16.0%
ADF   = 10.0%
Ca    =  1.2%
P     =  0.68%
```

Ingredientes de la mezcla:

```
Maíz                  = 37.2%
Afrechillo de trigo   = 49.7%
Harina de soja        =  9.3%
Carbonato de calcio   =  2.8%
Sal                   =  1.0%
```

En la práctica ninguna formula de ración o pienso es tan rígida como para afectar en forma significativa la performance animal cuando ésta sufre pequeñas variaciones en sus especificaciones nutricionales. Como se mencionó anteriormente, con el empleo de la PL para formular raciones y piensos el modelo asume como única función objetivo la minimización del costo de la ración, además de establecer que las restricciones siempre deben ser obligatoriamente satisfechas y el cumplimiento de las diferentes restricciones posee la misma importancia. En cambio el empleo de la PM para formular raciones y piensos permite flexibilizar la rigidez de las restricciones de los modelos convencionales de PL, establecer diferentes prioridades en el cumplimiento de las metas y reducir el costo de la ración o pienso formulado. Además, al realizar una variación racional y sistemática de las metas y de la importancia relativa de las mismas, se puede generar un gran número de fórmulas de piensos o raciones de las cuales muchas de ellas pueden ser atractivas nutricionalmente para el ganadero y ser de menor costo que las obtenidas con la PL convencional.

Continuando con el ejemplo, el pienso anterior se formulará mediante PM empleando como atributos el %NDT, %PB, %ADF, el porcentaje de sorgo y el porcentaje de afrechillos, cuyos niveles de aspiración son 75, 16, 10, 30 y 50 % respectivamente, siendo los dos primeros atributos del tipo "mas es mejor" (minimización de variables de desvío negativas) y los tres últimos atributos del tipo "menos es mejor" (minimización de variables de desvío positivas). El costo del pienso obtenido con PL (201.4 U$S/Ton) se utilizará como punto de partida y se parametrizará hasta 151.4 U$S/Ton, conjuntamente con los pesos relativos de las diferentes metas para generar varias soluciones y de esta forma ofrecerle al centro decisor una amplia gama de opciones.

Las correspondientes metas se escriben como:

```
NDT      -p1 + N1 = 75
PB       -p2 + N2 = 16
ADF      -P3 + n3 = 10
Sorgo    -P4 + n4 = 0.30
Afrech   -P5 + n5 = 0.50
```

Donde pi y ni representan respectivamente las variables de desviación positivas y negativas de las diferentes metas. Las variables de desviación no deseadas (a minimizar) se escribieron en mayúsculas y se destacaron en negrita para hacer más legible el modelo.

A continuación se escribe la clásica restricción de balance, las restricciones de transferencia y las restricciones nutricionales del modelo:

```
Maiz + Sorgo + Af_Arroz + Af_Trigo + HSoja + EGirasol +
Carb_Ca + Fos_BiCa + Sal = 1

90  * Maiz + 82  * Sorgo + 76  * Af_Arroz + 70   *
Af_Trigo + 87  * HSoja + 65  * EGirasol - NDT = 0

3.3  * Maiz + 3.0  * Sorgo + 2.7  * Af_Arroz + 2.5  *
Af_Trigo + 3.1  * HSoja + 2.4  * EGirasol - EM = 0

9  * Maiz + 9  * Sorgo + 15  * Af_Arroz + 17  * Af_Trigo
+ 45  * HSoja + 36  * EGirasol - PB = 0

7  * Maiz + 10  * Sorgo + 14  * Af_Arroz + 13  * Af_Trigo
+ 10  * HSoja + 26  * EGirasol - ADF = 0

0.03  * Maiz + 0.05  * Sorgo + 0.10  * Af_Arroz + 0.15  *
Af_Trigo + 0.29  * HSoja + 0.45  * EGirasol + 39.39  *
Carb_Ca + 22.00  * Fos_BiCa - Ca = 0
```

```
0.32  * Maiz + 0.34  * Sorgo + 1.73  * Af_Arroz + 1.00  *
Af_Trigo + 0.71  * HSoja + 1.02  * EGirasol + 0.04  *
Carb_Ca + 19.30  * Fos_BiCa - P = 0


Af_Arroz + Af_Trigo - Afrech = 0


Maiz >= 0.10


P  >= 0.45
Ca <= 1.2
Ca - P  >= 0
Ca - 2 * P <= 0


Sal  <= 0.01
```

El costo del pienso se escribe como restricción y se parametriza el lado derecho de la misma a intervalos de 10 U\$S/Ton (201.4, 191.4, 181.4, 171.4, 161.4, 151.4 U\$S/Ton):

```
0.245  * Maiz + 0.150  * Sorgo + 0.110  * Af_Arroz +
0.115  * Af_Trigo + 0.510  * HSoja + 0.250  * EGirasol +
0.135  * Carb_Ca + 0.790  * Fos_BiCa + 0.180  * Sal  <=
0.2014
```

Por último la función de logro se escribe como:

```
Minimizar W1*n1/75 + W2*n2/16 + W3*p3/10 + W4*p4/0.30 +
W5*p5/0.50
```

Donde los Wi representan la importancia relativa de cumplimiento de las diferentes metas.

En el cuadro 12.1 se presenta el conjunto de soluciones obtenidas con el modelo de PM Ponderadas cuando todos los pesos relativos de las metas son iguales (todos los Wi = 1) y en el cuadro 12.2 el conjunto de soluciones cuando W2 = 3 (meta de %PB) y los demás Wi = 1.

Cuadro 12.1: Soluciones generadas cuando todas las metas tienen la misma importancia de cumplimiento (todos los Wi=1).

Costo	0,2014	0,1914	0,1814	**0,1714**	0,1614	0,1514
EM	2,76	2,73	2,71	**2,71**	2,71	2,71
NDT	76,4	75,5	75,0	**75,0**	75,0	75,0
PB	16,0	16,0	16,0	**15,7**	14,5	13,2
ADF	10,0	10,3	10,7	**10,9**	10,9	10,7
Ca	1,20	1,20	1,20	**1,18**	1,18	1,20
P	0,68	0,69	0,69	**0,69**	0,68	0,66
AFRECH	49,7%	50,0%	50,0%	**50,0%**	50,0%	50,0%
Sorgo	0,0%	10,0%	20,5%	**29,0%**	30,0%	30,0%
Ingredientes:						
Maíz	37,2%	27,0%	16,9%	**10,0%**	12,4%	16,0%
Sorgo	0,0%	10,0%	20,5%	**29,0%**	30,0%	30,0%
Af_Arroz	0,0%	0,0%	0,0%	**0,0%**	0,0%	0,0%
Af_Trigo	49,7%	50,0%	50,0%	**50,0%**	50,0%	50,0%
HSoja	9,3%	9,3%	9,2%	**8,3%**	4,9%	1,1%
EGirasol	0,0%	0,0%	0,0%	**0,0%**	0,0%	0,0%
Carb_Ca	2,8%	2,8%	2,8%	**2,7%**	2,7%	2,8%
Fos_BiCa	0,0%	0,0%	0,0%	**0,0%**	0,0%	0,0%
Sal	1,0%	1,0%	0,7%	**0,0%**	0,0%	0,1%

Cuadro 12.2: Soluciones generadas cuando la meta del contenido de proteína del pienso tiene tres veces mas importancia que el cumplimiento de las demás metas (W2=3, los demás Wi=1).

Costo	0,2014	0,1914	0,1814	0,1714	0,1614	0,1514
EM	2,76	2,73	2,71	2,71	2,70	2,65
NDT	76,4	75,5	75,0	75,0	74,6	73,3
PB	16,0	16,0	16,0	16,0	16,0	16,0
ADF	10,0	10,3	10,7	11,2	12,2	12,9
Ca	1,20	1,20	1,20	1,06	0,72	0,76
P	0,68	0,69	0,69	0,70	0,72	0,76
AFRECH	49,7%	50,0%	50,0%	50,0%	50,0%	53,1%
Sorgo	0,0%	10,0%	20,5%	28,3%	28,1%	24,7%
Ingredientes:						
Maíz	37,2%	27,0%	16,9%	10,0%	10,0%	10,0%
Sorgo	0,0%	10,0%	20,5%	28,3%	28,1%	24,7%
Af_Arroz	0,0%	0,0%	0,0%	0,0%	0,0%	0,0%
Af_Trigo	49,7%	50,0%	50,0%	50,0%	50,0%	53,1%
HSoja	9,3%	9,3%	9,2%	7,9%	3,5%	0,0%
EGirasol	0,0%	0,0%	0,0%	1,4%	6,9%	10,7%
Carb_Ca	2,8%	2,8%	2,8%	2,4%	1,5%	1,6%
Fos_BiCa	0,0%	0,0%	0,0%	0,0%	0,0%	0,0%
Sal	1,0%	1,0%	0,7%	0,0%	0,0%	0,0%

De los cuadros 12.1 y 12.2 se pueden sacar algunas conclusiones:

1) Al variar los pesos relativos de cumplimiento de las diferentes metas se pueden generar diferentes soluciones, esto pone de relevancia la importancia de explorar variaciones sistemáticas de los valores de los

parámetros Wi en busca de soluciones que puedan ser mas atractivas para el centro decisor.

2) La PM puede generar soluciones más atractivas que la PL convencional. En los cuadros 12.1 y 12.2 las soluciones seleccionadas como más adecuadas (satisfacientes) por el centro decisor se destacaron en negrita. En el cuadro 12.1 la solución elegida como la mejor, comparada con la solución obtenida con la PL convencional redujo el costo del pienso en 30 U\$S/Ton con un sub-cumplimiento de apenas 0.3 puntos porcentuales en la meta de PB y un leve sobre-cumplimiento de 0.9 puntos porcentuales en la meta de ADF, lo cual torna en este caso a este pienso como muy atractivo tanto desde el punto de vista nutricional como económico. Un razonamiento similar se pude hacer para el cuadro 12.2, con una reducción aún mayor en el costo del pienso (40 U\$S/Ton) pero algo más desbalanceada que la solución elegida en el cuadro 12.1, fundamentalmente en el cumplimiento de la meta de ADF.

3) Por último pero no por ello menos importante, es la manera en la cual el centro decisor elije la solución o las soluciones que mayor le satisfacen. En el caso concreto de la formulación de raciones y piensos esto requiere de un sólido conocimiento sobre nutrición y alimentación animal como para poder hacer un correcto balance entre el beneficio de un menor costo del pienso

y el impacto económico que generará en la producción animal el no alcanzar determinadas metas nutricionales. Esto implica valorar adecuadamente las tasas de intercambio (trade-offs) entre los diferentes nutrientes y el costo de la ración o pienso.

12.4 Programación por Metas con Cotas.

En algunos casos el nivel de logro de una determinada meta puede quedar demasiado alejado de su nivel de aspiración y por lo tanto dicha solución puede no ser de interés para el centro decisor y ser rechazada. En estos casos se debe imponer cotas a las variables de desviación para que no superen cierto umbral.

Si en el ejemplo anterior el centro decisor establece como inaceptable un pienso con menos de 15.5% de PB y con más de 13% y menos de 9% de ADF, se deben agregar al modelo las siguientes restricciones para acotar el valor de las variables de desviación asociadas a la falta de cumplimiento de las correspondientes metas:

N2 <= 0.5	→	16.0 - 15.5 = 0.5
P3 <= 3	→	13 – 10 = 3
n3 <= 1	→	10 – 9 = 1

O de lo contrario establecer directamente las restricciones correspondientes en la forma habitual:

PB >= 15.5

ADF >= 9

ADF <= 12

12.5 Programación por Metas con Intervalos.

En el modelo de PM descrito en la sección 12.3 cada atributo estaba asociado a un nivel de aspiración preciso, sin embargo es posible establecer un intervalo o rango aceptable para el nivel de aspiración de una meta y penalizar las desviaciones únicamente cuando salen de dicho rango, este enfoque se conoce como **Programación por Metas con Intervalos (Interval Goal Programming)**.

Si en el ejemplo anterior el centro decisor establece como aceptable un rango para el nivel de aspiración del contenido de ADF del pienso de 10 a 12%, las correspondientes metas asociadas se escriben como:

ADF - p3_inf + **N3_inf** = 10

ADF - **P3_sup** + n3_sup = 12

Siendo N3_inf y P3_sup las variables de desviación no deseadas, normalizadas por sus correspondientes niveles de aspiración asociados (10 y 12% ADF respectivamente) y ponderadas por sus correspondientes preferencias relativas de cumplimiento de las metas (W3_inf y W3_sup respectivamente), quedando la función de logro como:

$$\text{Minimizar} \dots + \frac{W3\_inf * N3\_inf}{10} + \frac{W3\_sup * P3\_sup}{12} + \dots$$

12.6 Programación por Metas con Funciones de Penalización.

En la PM convencional cualquier desvío no deseado de un atributo con respecto a su nivel de aspiración es penalizado con un valor marginal constante Wi. Sin embargo en muchas situaciones es mas realista establecer que cuando el valor de las variables de desviación no deseadas superan cierto umbral las penalizaciones cambien, haciéndose mas severas o mas leves según el caso, este enfoque se conoce como **Programación por Metas con Funciones de Penalización (Goal Programming with Penalty Functions)**.

En el ejemplo desarrollado en la sección 12.3 la meta del contenido de PB del pienso se escribió como:

PB - p2 + **N2** = 16

Siendo N2 la variable de desviación no deseada penalizada en la función de logro con un valor constante W2.

Sin embargo el centro decisor puede querer penalizar en forma diferencial la falta de logro de dicha meta, asignado diferentes valores a W2 según el grado de incumplimiento de la meta. Por ejemplo, la siguiente **escala de penalización marginal creciente** podría reflejar mejor las preferencias del centro decisor:

Nivel de PB del Pienso	Penalización Marginal (W2j)
16% o más	0
15.8 hasta 16%	1
15.3 hasta 15.8%	3
15 hasta 15.3%	8
Menor a 15%	Infinito

De manera que la meta del contenido de PB del pienso se expresa como:

PB - p2 + **N2a** + **N2b** + **N2c** = 16

Agregándose además las siguientes restricciones complementarias:

N2a <= 0.20

N2b <= 0.50

N2c <= 0.30

Siendo N2a, N2b y N2c las variables de desviación no deseadas penalizadas en la función de logro con W2a = 1, W2b = 3 y W2c = 8 respectivamente, quedando la función de logro como:

$$\text{Minimizar} \quad \dots \quad + \quad \frac{1 * N2a + 3 * N2b + 8 * N2c}{16} \quad + \quad \dots$$

Las variables N2a, N2b y N2c miden en puntos porcentuales el desvío negativo en el contenido de PB del pienso de su correspondiente nivel de aspiración (16% PB) en el rango entre 15.8-16%, 15.3-15.8% y 15-15.3% respectivamente, por eso es necesario el empleo de las restricciones adicionales para acotar cada variable a su correspondiente rango:

N2a <= 0.20   →   16.0 - 15.8 = 0.20

N2b <= 0.50   →   15.8 – 15.3 = 0.50

N2c <= 0.30   →   15.3 - 15.0 = 0.30

La sumatoria de las variables N2a, N2b y N2c cuantifican en puntos porcentuales la falta de logro de la meta de PB del pienso.

El ejemplo presentado aquí se desarrolló empleando una **función de penalización marginal creciente**, en Jones y Tamiz (2010) se describe la implementación de otros tipos de funciones de penalización aplicados a la PM (ej. marginal decreciente, discontinua, etc.).

El empleo de la PM con funciones de penalización puede generar soluciones menos sesgadas que representen mejor los deseos del centro decisor que las soluciones obtenidas con la PM convencional.

12.7 Programación por Metas Entera/Binaria.

Al igual que en la PL se denomina **Programación por Metas Entera (Integer Goal Programming)** y **Programación por Metas Binaria (Binary Goal Programming)** cuando todas (modelo puro) o algunas (modelo mixto) de las variables de decisión son variables enteras o binarias respectivamente. El empleo de este tipo de variables, especialmente de las variables binarias permite un extraordinario poder de modelado tal como quedó demostrado en el capítulo dedicado a la Programación Entera Binaria que sumado al potencial de la PM abre un fascinante campo de acción en la formulación de raciones y piensos.

12.8 Tópicos de interés.

Eficiencia de la solución.

En algunos casos la PM puede generar **soluciones ineficientes** desde el punto de vista Paretiano, esta situación no deseable es altamente probable que se produzca cuando los niveles de aspiración de algunas de las metas se fijan de una manera demasiado pesimista. Uno de los métodos mas sencillos para comprobar si una solución es eficiente o no, es fijando mediante restricciones los valores de las variables de desviación no deseadas obtenidos, y maximizando luego las variables de desviación opuestas, si la solución no cambia, es que la solución actual es eficiente, mientras que si varía, la nueva solución será una solución eficiente. En Tamiz y col. (1998) y Jones y Tamiz (2010) se describen diferentes procedimientos para detectar soluciones ineficientes y restablecer la optimalidad en la PM.

Enfoques erróneos.

Hace más de 30 años Romero y Rehman (1983) alertaron a la comunidad científica del mal uso que se estaba haciendo de la Programación Multicriterio en algunos trabajos, producto de la falta de una adecuada comprensión de la filosofía y de los conceptos en los cuales subyacen estas técnicas. Lamentablemente hoy en día aún se pueden encontrar textos (ej. Hiller y Libermman 2002, pág. 332-339; Taha 1998, pág. 349-365, Dantzig y Thapa 1997, pág. 150-152) en los cuales se hace un tratamiento erróneo del tema. Para un claro y adecuado abordaje de la Programación Multicriterio se sugiere la lectura de trabajos como los de Romero y Rehman (1984, 1986, 2003) y Romero (1989, 1994, 1996).

12.9 Comentario Final.

Este capítulo hace simplemente una breve introducción a la Programación por Metas en general y a la Programación por Metas Ponderadas en particular. Los lectores interesados en profundizar en las diferentes variantes de la PM así como en la filosofía en la cual subyace cada una de ellas pueden consultar los trabajos de Tamiz y col. (1998), Romero y Rehman (2003), González-Pachón y Romero (2010), y Jones y Tamiz (2010) entre otros.

REFERENCIAS BIBLIOGRAFICAS

1. Apland, J. (1986): The approximation of nonlinear programming problems using linear programming, Department of Agricultural and Applied Economics, University of Minnesota, Staff Paper P86-2, 23 p.

2. Bailo, A.; Linares, P.; Ramos, A.; Sánchez, P.; Sarabia, A.; Vitoriano, B. (2004): Modelos matemáticos de optimización. Escuela Técnica Superior de Ingeniería, Universidad Pontificia Comillas, Madrid, 199 p.

3. Bargo, F.; Muller, L.; Kolver, E.; y Delahoy (2003): Invited review: Production and digestion of supplemented dairy cows on pasture. J. Dairy Sci. 86:1-42.

4. Barnard, C.; Nix, J. (1984): Planeamiento y control agropecuario, Ed. El Ateneo, Buenos Aires, 527 p.

5. Bath, D.; Bennett, L. (1980): Development of a dairy feeding model for maximizing income above feed cost with access by remote computer terminals. J. Dairy Sci. 63:1379-1389.

6. Bazzara, M.; Sheraly, H.; Shetty, C. (2006): Nonlinear programming: Theory and algorithms, 3rd Edition, John Wiley & Sons, Inc., 853 p.

7. Beneke, R.; Winterboer, R. (1973): Linear programming applications to agriculture, The Iowa State University Press, 244 p.

8. Black, J.; Hlubik, J. (1980): Basics of computerized linear programs for ration formulation. J. Anim. Sci. 63:1366-1378.

9. Bowman, J; Sowell, B. (1997): Delivery method and supplement consumption by grazing ruminants: A review, J. Anim. Sci. 75:543-550.

10. Brokken, R. (1971a): Programming models for use of the Lofgreen-Garrett net energy system in formulating rations for beef cattle. J. Anim. Sci. 32:685-691.

11. Brokken, R. (1971b): Formulating beef rations for improved performance under environmental stress. Am. J. Agr. Econ. 53:79-91.

12. Cadenas, J.; Pelta, D.; Pelta, H.; Verdegay, J. (2004): Application of fuzzy optimization to diet problems in Argentienan farms. European Journal of Operational Research. 158: 218 – 228.

13. Cadenas, J.; Verdegay, J. (2004): Métodos y modelos de programación lineal borrosa. En: Revista Electrónica de Comunicaciones y Trabajos de ASEPUMA, Serie Monografías Núm. 2, pp. 71-94.

14. Carlson, D. E. (1976):"Computerized ration formulation and gain simulation for profit maximization in beef feedlots". En: First International Symposium: Feed Composition, Animal Nutrient Requirements, and Computerization of Diets, July 11-16, 1976, Utah State University, Logan, Utah, USA, pp. 643-649.

15. Castrodeza, C.; Lara, P.; Peña, T. (2005): Muticriteria fractional model for feed formulation: economic, nutritional and environmental criteria. Agricultural System 86:76-96.

16. Caton, J; Dhuyvetter, D. (1997): Influence of energy supplementation on grazing ruminants: Requirements and responses. J. Anim. Sci. 75:533-542.

17. Chen, D.; Batson, R.; Dang, Y. (2010): Applied integer programming: Modeling and solution. Ed. John Wiley & Sons Inc., 468p.

18. Chen, J. (1973): Quadratic programming for least-cost feed formulations under probabilistic protein constraints. Am. J. Agr. Econ. 55:175-183.

19. Cochran, R; Koster, H; Olson, K; Heldt, J; Mathis, C; Woods, B. (1998): Supplemental protein sources for grazing beef cattle. Proc. 9th Annual Florida Ruminant Nutrition Symposium, University of Florida, Gainesville.

20. Dantzing, G.; Thapa, M. (1997): Linear programming. 1: Introduction, Ed. Springer, 435 p.

21. Darvishi, D.; Teimouri, A.; Nasseri, S. (2011): Application of fuzzy optimization in diet formulation. The Journal of Mathematics and Computer Science 2(3):459-468.

22. Dean, G.; Bath, D.; Olayide, S. (1969): Computer program for maximizing income above feed cost from dairy cattle. J. Dairy Sci. 52:1008-1016.

23. DelCurto, T; Hess, B; Huston, J; Olson, K. (2000): Optimum supplementation strategies for beef cattle consuming low-quality roughages in the western United States, Proc. of Am. Soc. of Anim. Sci. 1999.

24. Dixon, R.; Stockdale, C. (1999): Associative effects between forages and grains: consequences for feed utilization. Aust. J. Agric. Res. 50:757-773.

25. Fernández, G.; Caballero, R. (2002): Revista Electrónica de Comunicaciones y Trabajos de ASEPUMA, Serie Monografías Núm. 1, Primer Semestre 2002, 245 p.

26. Fonnesbeck, P.; Harris, L.; Kearl, L. (1976): First International Symposium: Feed Composition, Animal Nutrient Requirements, and Computerization of Diets, July 11-16, 1976, Utah State University, Logan, Utah, USA.

27. García Martínez, A.; Rodríguez Alcaide, J.; Ruiz, D. (1998): Optimización del engorde de bovinos en pastoreo en la pampa Argentina mediante programación lineal. Invest. Agr.: Prod. Sanid. Anim. 13:99-117.

28. Glen, J. (1987): Mathematical models in farm planning: A survey. Operations Research 35 (5): 641-666.

29. González-Pachón, J.; Romero, C. (2010): Goal programming: from constrained regression to bounded rationality theories. En: C. Zopounides y P. Pardalos (2010): Handbook of multicriteria analysis, Ed. Springer, pp. 311-328.

30. Goodrich, R.; Garrett, J.; Gast, D.; Kirich, M.; Larson, D.; Meiske, J. (1984): Influence of monensin on the performance of cattle. J. Anim. Sci. 58:1484-1498.

31. Greene, L. (2000): Designing mineral supplementation of forage programs for beef cattle. Proc. of Am. Soc. of Anim. Sci. 1999.

32. Hadjipanayiotou, M. (1995): Urea block manufacturing and feeding: Middle east experience. En: First FAO Electronic Conference: Tropical feeds and feeding system, 111-119 pp.

33. Hardaker, J. (1971): Programación de granjas con computadoras. Ed. Acribia, 168 p.

34. Harkins, J.; Edwards, R.; McDonald, P. (1974): A new Net Energy system for ruminants. Anim. Prod. 19:141-148

35. Hazell, P.; Norton, R. (1986): Mathematical programming for economic analysis in agriculture. Ed. Macmillan Publishing Company, 401 p.

36. Hiller, F.; Lieberman, G. (2002): Investigación de operaciones, 7ma. Edición, Ed. McGraw Hill, México, 1223 p.

37. Horton, G. (1986): El lasalocid, un nuevo promotor del rendimiento para bovinos y ovinos. Servicio Técnico Roche, Santiago de Chile, 14 p.

38. Hutton, R.; Allinson, J. (1957): A linear programming model for development of feed formulas under mil-operating conditions. J. Farm Econ. 39:94-111.

39. IBM (s/f): Linear programming - Feed manufacturing, IBM Technical Publication E20-0148-0, New York, 27 p.

40. Jones, D.; Tamiz, M. (2010): Practical goal programming, Ed. Springer, 170 p.

41. Krysl, L; Hess, B. (1993): Influence of supplementation on behavior of grazing cattle. J. Anim. Sci. 71:2546–2555.

42. Kunkle, W; Johns, J; Poore, M; Herd, D.(2000): Designing suppplementation programs for beef cattle fed forage – bases diets. Proc. of Am. Soc. of Anim. Sci. 1999.

43. Kunkle, W; Moore, J; Balbuena, O. (1997): Recent research on liquid supplements for beef cattle. Proc. 8th Florida Ruminant Nutrition Symposium, University of Florida, Gainesville.

44. Lara, P. (1993): Multiple objective fractional programming and livestock ration formulation: A case study for dairy cow diets in Spain. Agricultural System 41:321-334.

45. Lara, P.; Romero, C. (1992): An interactive multigoal programming model for determining livestock rations: an application to dairy cows in Andalusia, Spain. J. Opl. Res. Soc. 43:945-953.

46. Lara, P.; Romero, C. (1994): Relaxation of nutrient requirements on livestock rations through interactive multigoal programming. Agricultural System 45:443-453.

47. Lara, P.; Stancu-Minasian, I. (1999): Fractional programming: a tool for the assessment of sustainability. Agricultural System 62:131-141.

48. Maino, M.; Pittet, J.; Kobrich, C. (1993): Programación multicriterio: Un instrumento para el diseño de sistemas de producción, Ed. RIMISP, Santiago de Chile, 97 p.

49. Makkar, H.; Sánchez, M.; Speedy, A. (2007): Feed supplementation blocks, Animal Production and Health N° 164, FAO, 248 p.

50. Maroto, C.; Ciria, J.; Gallego, L.; Torres, A. (1997): Gestión de la producción ganadera, Ediciones Mundi-Prensa, Madrid, 238 p.

51. McCall, D.; Clark, D.; Stachurski, L.; Penno. J.; Bryant, A.; Ridler, B. (1999): Optimized dairy grazing systems in the northeast United States and New Zealand. I. Model description and evaluation. J. Dairy Sci. 82:1795-1807.

52. McDowell, L. R. (1992): Minerals in animal and human nutrition, Academic Press, 524 p.

53. McGuffey, R.; Richardson, L.; Wilkinson, J. (2001): Ionophores for dairy cattle: Current status and future outlook. J. Dairy Sci. 84(E. Suppl.):E194-E203.

54. Mertens, D.; Dado, R. (1993): System of equations for fulfilling net energy and absorber protein requirements for milk component production. J. Dairy. Sci. 76:3464-3478.

55. Minson, D. (1990): Forage in ruminant nutrition, Academic Press, 483 p.

56. Moore, J; Brant, M; Kunkle, W; Hopkins, D. (1999): Effects of supplementation on voluntary forage intake, diet digestibility, and animal performance. J. Anim. Sci. 77(Suppl. 2):122-135.

57. Neal, H; France, J.; Treacher, T. (1986): Using goal programming in formulating rations for pregnant ewes. Anim. Prod. 42:97-104.

58. Neal, M.; Neal, J.; Fulkerson, W. (2007): Optimal choice of dairy forages in Eastern Australia. J. Dairy Sci. 90:3044-3059.

59. Nott, H.; Combs, G. (1967): Data processing of ingredient compositions data. Feedstuff 39:21-24.

60. NRC (2000): Nutrient requirements of beef cattle, 7th Revised Edition: Update 2000, Washington D.C., National Academy Press, 248 p.

61. O'Connor, J.; Sniffen, C.; Fox, D.; Milligan, R. (1989): Least cost dairy cattle ration formulation model based on the degradable protein system. J. Dairy Sci. 72:2733-2745.

62. Ospina, H.; Campos, R.; Sierra, M.; Ximenes, R. (2007): Suplementación mineral-proteica en la cría bovina. XXXV Jornadas Uruguayas de Buiatría, 226-247 pp.

63. Paris, Q. (1991): An economic interpretation of linear programming. Iowa State University Press, 337 p.

64. Pate, F; Kunkle, W. (2001): Molasses – based feeds and their use as supplements for brood cows. University of Florida, Institute of Food and Agricultural Sciences, Circular S 365, 11 p.

65. Peña, T.; Lara, P.; Castrodeza, C. (2009): Multiobjetive stochastic programming for feed formulation. Journal of the Operational Research Society 60:1738-1748.

66. Potter, E.; Muller, R.; Wray, M.; Carroll, L.; Meyer, R. (1986): Effect of monensin on the performance of cattle on pasture or fed harvested forages in confinement. J. Anim. Sci. 62:583-592.

67. Rahman, R.; Ang, C.; Ramli, R. (2010): Investigating feed mix problem approaches: An overview and potential solution. World Academy of Science, Engineering and Technology 70:467-475.

68. Rahman, S.; Bender, F. (1971): Linear programming approximation of least-cost feed mixes with probability restrictions. Am. J. Agr. Econ. 53:612-618.

69. Rehman, T.; Romero, C. (1984): Multiple-Criteria decision-making techniques and their role in livestock ration formulation. Agricultural System 15:23-49.

70. Rehman, T.; Romero, C. (1987): Goal programming with penalty functions and livestock ration formulation. Agricultural System 23:117-132.

71. Reinoso, V.; Soto, C. (2012): Suplementación proteica en ganado de carne a pastoreo. Teoría y Práctica, Ed. CreateSpace, Lexington-Kentucky, USA, 92 p.

72. Rich, T.; Armbruster, S.; Gill, D. (s/f): Limiting feed intake with salt, Oklahoma Cooperative Extension Service, F-3008, 2 p.

73. Romero, C. (1989): Modelo de planificación forestal: una aproximación desde el análisis multicriterio. Revista de Estudios Agro-Sociales 147:71-92.

74. Romero, C. (1994): Aplicación de la teoría de la decisión multicriterio en la planificación de los recursos forestales. Agricultura y Sociedad 73:41-70.

75. Romero, C. (1996): Análisis de las decisiones multicriterio, Ed. Isdefe, 115 p.

76. Romero, C.; Rehman, T. (1983): Goal programming via multidimensional scaling applied to Senegalese subsistence farming: Comment. Am. J. Agr. Econ. 65:829-831.

77. Romero, C.; Rehman, T. (1984): Planificación agraria en contextos de metas múltiples: un análisis expositivo. Agricultura y Sociedad 33:87-122.

78. Romero, C.; Rehman, T. (1986): La programación multiobjetivo y la planificación agraria: algunas consideraciones teóricas. Agricultura y Sociedad 40:9-35.

79. Romero, C.; Rehman, T. (2003): Multiple criteria analysis for agricultural decisions, 2nd Edition, Ed. Elsevier, 204 p.

80. Rotz, C.; Mertens, D.; Buckmaster, D.; Allen, M.; Harrison, J. (1999): A dairy herd model for use in whole farm simulations. J. Dairy Sci. 82:2826-2840.

81. Roush, W.; Cravener, T.; Zhang, F. (1996): Computer formulation observations and caveats. J. Appl. Poultry Res. 5:116-125.

82. Sansoucy, R.; Aarts, G.; Leng, R. (1995): Molasses-Urea blocks. En: First FAO Electronic Conference: Tropical feeds and feeding system, 141-151 pp.

83. Skalan, D.; Dariel, I. (1993): Diet planning for humans using mixed-integer linear programming. Br. J. Nutr. 70:27-35.

84. Sniffen, C.; Beverly, R.; Mooney, C.; Roe, M.; Skidmore, A. (1993): Nutrient requirements versus supply in the dairy cow: Strategies to account for variability. J. Dairy Sci. 76:3160-3178.

85. Soto, C.; Reinoso, V. (2004): Empleo de la programación lineal en la formulación de raciones al mínimo costo para la suplementación de rumiantes a pastoreo. Veterinaria (Montevideo), 39 (154): 17–22.

86. Soto, C.; Reinoso, V. (2007): Suplementación proteica en ganado de carne. Veterinaria (Montevideo), 42 (167): 27–34.

87. Soto, C.; Reinoso, V. (2012a): Modelo de formulación de raciones al mínimo costo para ganado de carne basado en el sistema NRC 2000. Arch. Zootec. 61(2): 255-266.

88. Soto, C.; Reinoso, V. (2012b): Suplementación con fósforo en ganado de carne a pastoreo. Rev. Electrón. Vet. (REDVET) Volumen 13, Número 7.

89. Spears, J. (1990): Ionophores and nutrient digestion and absorption in ruminants. J. Nutr. 120:632-638.

90. Sprott, L.; Goehring, T.; Beverly, J.; Corah, L. (1988): Effects of ionophores on cow herd production: A review. J. Anim. Sci. 66:1340-1346.

91. St.Pierre, N.; Harvey, W. (1986a): Incorporation of uncertainty in composition of feeds into least-cost ration models. 1) Single-chance constrained programming. J. Dairy Sci. 69:3051-3062.

92. St.Pierre, N.; Harvey, W. (1986b): Incorporation of uncertainty in composition of feeds into least-cost ration models. 2) Joint-chance constrained programming. J. Dairy Sci. 69:3063-3073.

93. Taha, H. (1998): Investigación de operaciones. Una introducción., 6ta. Edición, Ed. Prentice Hall, México, 944 p.

94. Tamiz, M.; Jones, D.; Romero, C. (1998): Goal programming for decision making: An overview of the current state-of-the-art. European Journal of Operational Research 111:569-581.

95. Tedeschi, L.; Fox, D.; Chase, L.; Wang, S. (2000): Whole-herd optimization with the Cornell net carbohydrate and protein system. I. Predicting feed biological values for diet optimization with linear programming. J. Dairy. Sci. 83:2139-2148.

96. Tozer, P. (2000): Least-cost ration formulations for Holstein dairy heifers by using linear and stochastic programming. J. Dairy Sci. 83:443-451.

97. Tozer, P.; Stokes, J. (2001): A Multi-objetive programming approach to feed ration balancing and nutrient management. Agricultural System 67:201-215.

98. Underwood, E.; Suttle, N. (1999): The mineral nutrition of livestock, 3rd. Edition, CAB International, 614 p.

99. Vergara, E.; Rodríguez, F.; Saavedra, H. (2006): Métodos de optimización lineal difusa para la planificación nutricional en granjas avícolas. Mosaico Cient. 3(2):16-29.

100. Waugh, F. (1951): The minimun cost dairy feed (An application of linear programming). J. Farm Econ. 33:299-310.

101. Williams, H. (2009): Logic and integer programming. Ed. Springer, 155 p.

102. Willis, C.; Perlack, R. (1980): A comparison of generating techniques and goal programming for public investment, multiple objective decision making. Am. J. Agr. Econ. 62:66-74.

103. Zgajnar, J.; Erjavec, E.; Kavcic, S. (2010): Multi-Step beef ration optimization: application of linear and weighted goal programming with penalty function. Agricultural and Food Science 19:193-206.

104. Zgajnar, J.; Juvancic, L.; Kavcic, S. (2009): Combination of linear and weighted goal programming with penalty function in optimisation of a daily dairy cow ration. Agric. Econ. – Czech, 55 (10): 492–500.

105. Zhang, F.; Roush, W. (2002): Multiple-Objetive (goal) programming model for feed formulation: An example for reducing nutrient variation. Poultry Science 81:182-192.

106. Zopounides, C.; Pardalos, P. (2010): Handbook of multicriteria analysis, Ed. Springer, 481 p.

www.ingramcontent.com/pod-product-compliance
Lightning Source LLC
Chambersburg PA
CBHW051635170526
45167CB00001B/205